(a) カモニカ渓谷の古地図

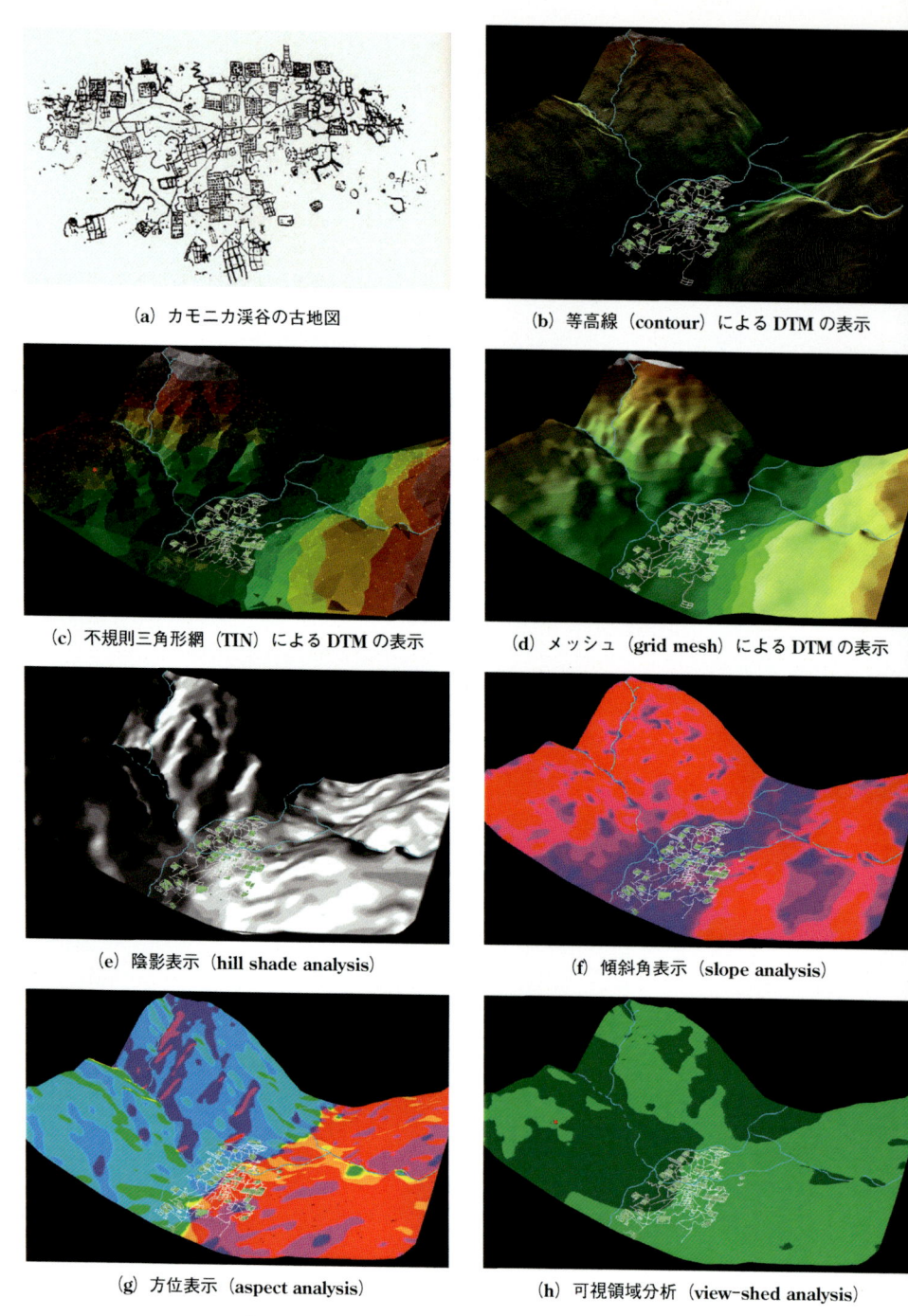

(b) 等高線（contour）による DTM の表示

(c) 不規則三角形網（TIN）による DTM の表示

(d) メッシュ（grid mesh）による DTM の表示

(e) 陰影表示（hill shade analysis）

(f) 傾斜角表示（slope analysis）

(g) 方位表示（aspect analysis）

(h) 可視領域分析（view-shed analysis）

口絵1　カモニカ渓谷周辺地域の3次元表現と3次元解析の例
（塩出志乃氏（東京大学）作成・提供）（本文 p. 115）

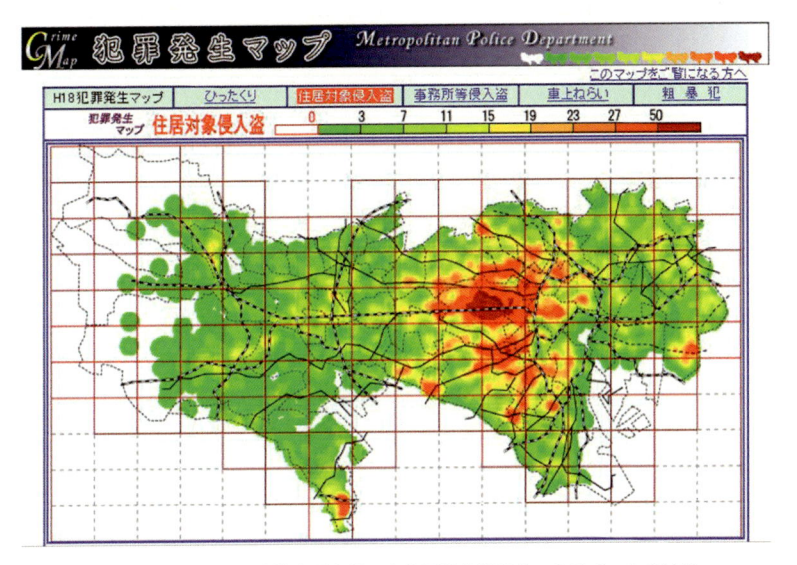

口絵2 カーネル密度推定量を用いた住居侵入盗のホットスポットの抽出
（警視庁ホームページ犯罪発生マップより）（本文 p. 131）

(a) 当初の土地利用（1988）

(b) シミュレートされた土地利用（1993）

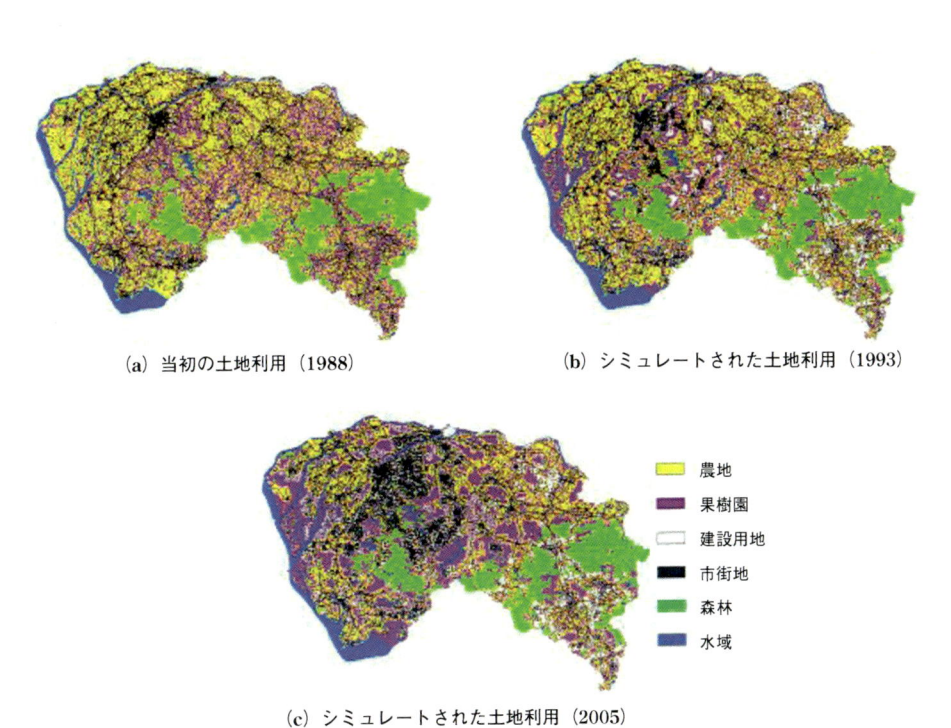

(c) シミュレートされた土地利用（2005）

農地
果樹園
建設用地
市街地
森林
水域

口絵3 ニューラルネットワークを用いてシミュレートされた土地利用
（Li and Yeh, 2002 を一部改変）（本文 p. 137）

シリーズGIS ································ 第 1 巻

GISの理論

村山祐司・柴崎亮介 ⋯⋯編

朝倉書店

編集者

筑波大学大学院生命環境科学研究科	村山　祐司
東京大学空間情報科学研究センター	柴崎　亮介

執筆者（執筆順）

筑波大学大学院生命環境科学研究科	村山　祐司
首都大学東京大学院都市環境科学研究科	若林　芳樹
国際航業(株)技術センター	太田　守重
国土地理院地理空間情報部	村上　真幸
筑波大学大学院システム情報工学研究科	鈴木　勉
東京大学空間情報科学研究センター	丸山　祐造
ニューヨーク州立大学バッファロー校地理学部	塩出　徳成
九州大学大学院比較社会文化研究院	山下　潤
立命館大学文学部	中谷　友樹
立命館大学文学部	花岡　和聖
北海道大学大学院文学研究科	橋本　雄一

シリーズ GIS 刊行に寄せて

　地理情報システム（geographic information systems）は，地理空間情報を取得，保存，統合，管理，分析，伝達して，空間的意思決定を支援するコンピュータベースの技術である．頭文字をとって，一般に GIS と呼ばれている．

　歴史的にみると，GIS は国土計画，都市・交通政策，統計調査，ユーティリティの維持管理などを目的に研究と開発がスタートした．このため，当初は公共公益企業，民間企業の実務や行政業務を担当する専門技術者，あるいは大学の研究者などにその利用は限られていた．1990 年代後半まで，一般の人々にとって GIS は専門的なイメージが強く，実社会になじみのうすいツールであった．

　ところが，21 世紀に入り，状況は一変する．パソコンの普及，ソフトの低価格化，データの流通などが相まって，ビジネスマン，自治体職員，教師，学生などは言うに及ばず，一般家庭でも GIS を使い始めるようになった．GIS は行政や企業の日々の活動に不可欠なツールになり，カーナビゲーション，インターネット地図検索・経路探索，携帯電話による地図情報サービスをはじめ，私たちの日常生活にも深く浸透している．昨今，ユビキタス，モバイル，Web 2.0，リアルタイム，双方向，参加型といった言葉が GIS の枕詞として飛び交っており，だれでも難なく GIS を使いこなせる時代に入りつつある．

　2007 年 5 月，第 166 回通常国会において，「地理空間情報活用推進基本法」が参議院を通過し公布された．この基本法には，衛星測位によって正確な位置情報をだれもが安定的に取得できる環境を構築すること，基盤地図の整備と共有化によって行政運営の効率化や高度化をはかること，新産業・新サービスを創出し地域の活性化をはかること，地域防災力や弱者保護力を高め国民生活の利便性を向上させることなどが基本理念として盛り込まれている．この国会では，統計法や測量法も改正され，今後の GIS 関連施策に対する人々の期待は日増しに高まっている．位置や場所をキーに必要な情報を容易に検索・統合・発信・利用できる

地理空間情報高度活用社会が実現するのも，そう遠い話ではなさそうだ．

　地域社会では，GISを活用した新サービスの台頭が予想され，特に行政やビジネス分野でGIS技術者の新たな雇用が発生するであろう．これに伴って，実務家教育や技術資格制度を拡充する必要性が各方面から指摘されている．また，日常的にGISが活用できる人とできない人との間で"GISデバイド"が生じないように，地域に密着したGIS教育や啓蒙活動を効果的に実施していくことも欠かせない．

　一方，学術世界においては，1990年代に「地理情報科学」と呼ばれる学問分野が興隆し，学際的なディシプリンとして存在感を増している．大学では，この分野に関心をもつ学生が増え，カリキュラムや関連科目が充実してきている．GISを駆使して卒業論文を作成する学生も珍しくなくなった．

　このような状況下で，GISの理論・技術と実践，応用を体系的に論じた専門書が求められており，本シリーズはそのニーズにこたえるため編まれたものである．すでに現場に携わっている実務家や研究者，あるいはこれからGISを志す学生や社会人に向けた"使えるテキスト"を目指し，各巻とも各分野の第一線で活躍されている方々に健筆をふるっていただいた．

　本シリーズは全5巻からなる．第1，2巻は基礎編，第3〜5巻は応用編である．GISの発展にとって，基礎（理論と技術）と応用（アプリケーション）は相互補完的な関係にある．基礎の深化がアプリケーションの実用性を向上させ，応用の幅を広げる．一方，アプリケーションからのフィードバックは，新たな理論と技術を生み出す糧となり，基礎研究をいっそう進展させる．基礎と応用は，いわば車の両輪といっても過言ではない．

　第1巻は「GISの理論」について解説する．GISは単なるツールや手段ではない．本巻では，地理空間情報を処理する汎用的な方法を探求する学問としてGISを位置づけ，その理論的な発展について論じる．ツールからサイエンスへのパラダイムシフトを踏まえつつ，GISの概念と原理，分析機能，モデル化，実証分析の手法，方法論的枠組みなどを概説する．

　第2巻は「GISの技術」について解説する．測量，リモートセンシング，衛星測位，センサネットワークをはじめ，地理空間データを取得する手法と計測方法，地理空間情報の伝達技術，ユビキタスGISや空間ITなどGISに関わる工学的手法，GISの計画・設計，導入と運用，空間データの相互運用性と地理情報標

準，国土空間データ基盤，GISの技術を支える学問的背景などについて，実例を交えながら概説する．

　第3～5巻では，各分野におけるGISの活用例を具体的に紹介しながら，GISの役割と意義を論じる．

　第3巻「生活・文化のためのGIS」では，医療・保健・健康，犯罪・安全・安心，ハザードマップ・災害・防災，ナビゲーション，市民参加型GIS，コミュニケーション，考古・文化財，歴史・地理，古地図，スポーツ，エンターテインメント，教育などを取り上げる．

　第4巻「ビジネス・行政のためのGIS」では，物流システム，農業・林業，漁業，施設管理・ライフライン，エリアマーケティング（出店計画，商圏分析など），位置情報サービス（LBS），不動産ビジネス，都市・地域計画，福祉サービス，統計調査，公共政策，費用対効果分析，費用便益分析などを取り上げる．

　第5巻「社会基盤・環境のためのGIS」では，都市，交通，建築・都市景観，土地利用，人口動態，森林，生態，海洋，水資源，景観，地球環境などを取り上げ，GISがどのように活用されているかを紹介する．

　本シリーズを通じて，日本におけるGISの発展に少しでも役立つならば，編者としてこれにまさる喜びはない．最後になったが，本シリーズを刊行するにあたり，私たちの意図と熱意をくみ取り，適切なアドバイスと煩わしい編集作業をしていただいた朝倉書店編集部に心から感謝申し上げる．

村山祐司・柴崎亮介

目　　次

1. GIS ―地理情報システムから地理情報科学へ―　　［村山祐司］　1
   1.1 本章の目的　1
   1.2 地理情報・空間情報・地理空間情報　1
   1.3 ツールとして発展したGIS　2
   1.4 ツールからサイエンスへ―地理情報科学の誕生　3
   1.5 地理情報科学の深化　5
   1.6 地理情報科学の教育　7
   1.7 最近の動き　8
   1.8 空間分析の進展　11
   1.9 地理情報科学のこれから　14

2. 地理空間の認識とオントロジー　　［若林芳樹］　17
   2.1 地理情報科学とオントロジー　17
   2.2 フィールドとオブジェクト―地理空間の2つの見方―　18
   2.3 空間のスケール　21
   2.4 地理的オブジェクトの境界　23
   2.5 地理的カテゴリーの文化的多様性　25
   2.6 地理空間の常識的知識としての素朴地理学　27
   2.7 地理情報科学におけるオントロジーの役割と課題　28

3. 時空間概念と地理空間データモデル　　［太田守重］　32
   3.1 地理空間データモデリング　32
   3.2 空間と時間の概念　33
   3.3 地理空間データモデル　38

3.4 地理空間データのモデル　45
3.5 地理空間データ　46
3.6 オブジェクトとフィールド　48

4. 地理空間データの位置表現 ——————————————[村上真幸]　50
    4.1 地理識別子による空間参照（間接参照）　51
    4.2 座標による空間参照（直接参照）　55
    4.3 座標演算　68

5. 地理空間データの操作と計算幾何学 ———————[鈴木　勉]　71
    5.1 空間情報の操作・処理　71
    5.2 計算幾何学　76
    5.3 ボロノイ図　77
    5.4 ドローネ三角形分割　80

6. 空間統計学入門 ——————————————————[丸山祐造]　85
    6.1 イントロダクション　85
    6.2 空間的自己相関　86
    6.3 空間予測　88
    6.4 統計学に関する補遺　97

7. ビジュアライゼーション ——————————————[塩出徳成]　102
    7.1 ビジュアライゼーションとは　102
    7.2 主題のシンボル化　103
    7.3 データの分類　109
    7.4 主題図の作成　113
    7.5 その他の地図表現　116
    7.6 より詳しく学びたい方へ　120

8. データマイニング ——————————————————[山下　潤]　122
    8.1 探索的空間分析　124

8.2　ジオコンピュテーション　132

9．ジオシミュレーションと空間的マイクロシミュレーション
　　　　　　　　　　　　　　　　　　　　　　［中谷友樹・花岡和聖］　142
  9.1　ミクロな単位からの地理的シミュレーション　142
  9.2　ジオシミュレーション　145
  9.3　空間的マイクロシミュレーション　149
  9.4　ジオシミュレーションと空間的マイクロシミュレーションの交差点
　　　　　155
  9.5　残された課題　158

10．空間モデリング　――――――――――――――――　［橋本雄一］　161
  10.1　空間モデリングの意義　161
  10.2　空間データモデル　163
  10.3　記述のための空間モデリング　166
  10.4　将来予測のための空間モデリング　170
  10.5　意思決定のための空間モデリング　176
  10.6　空間モデリングの展望と課題　181

索　　引　――――――――――――――――――――――――　185

1 GIS ―地理情報システムから地理情報科学へ―

1.1 本章の目的

　GISが誕生して，たかだか半世紀しか経過していない．しかし，今日では，マーケティング，ナビゲーション，物流，災害復興，防災，福祉，医療，観光をはじめ多くの分野で活用され，われわれの生活利便性を向上させるツールとして存在感を高めている．

　本章では，このGISがいかに発展し実社会で活用されてきたか，学術的見地から振り返る．さらに，GIS研究の方法論的な深化を踏まえ，地理情報システム（geographic information systems）から地理情報科学（geographic information science）へのパラダイムシフトについて欧米の動向を中心に概説する．

1.2 地理情報・空間情報・地理空間情報

　われわれは，地名や住所，緯度・経度などによって場所や空間上の位置を特定している．その位置に付随する情報を地理情報（geographic information），空間情報（spatial information）などと呼んでいる．

　地理情報という用語は空間情報より狭義に用いられている．地理情報は，地理的位置に付随する情報，あるいは地点・地域が有する社会的・経済的・文化的属性や自然環境，さらには地域間の相互作用など，人間活動の舞台である地表面（接地層）で生起する諸現象を示す場合に使われる．

　これに対し，地表面から離れた領域，すなわち境界層，自由大気や宇宙などで起こる現象は，一般に地理情報の範疇には含めない．月面の地形や，人間の活動

が介在しない地球内部の現象も同様である．通常，これらには空間情報という用語があてがわれる．また，敷地内における施設の配置，あるいは施設の内部の小スペースなどを表示するときも，空間情報という用語を使うのが一般的である．このような表示は3次元で示されることが多い．例えば，マンションや一戸建ての階数や高さなどが該当する．

　地理情報と空間情報は，このようなニュアンスの違いはあるものの，厳密に区別されずに使われることも多い．最近では，両概念を包摂した地理空間情報（geospatial information）という言葉もよく耳にする．もともと，欧米の情報系・測量系の技術者たちが好んで用いてきた言葉であるが，2007年5月に「地理空間情報活用推進基本法」が国会を通過して法律用語となったこともあり，日本でもこの用語はしだいに社会に定着化しつつある．

1.3　ツールとして発展したGIS

　GISはトップダウンで推進された国家プロジェクトから派生したといわれている．1950年代，アメリカ空軍は，レーダーに映る飛行物体を追跡し，コンピュータ画面に表示する防空システム，SAGE（Semi Automatic Ground Environment）を開発した．これがGIS発展のヒントになったとされる．SAGEの技術は，軍事利用にとどまらず，行政やビジネスにもおおいに貢献しうる可能性を秘めていたので，これ以降，アメリカ政府はGIS研究に重点的に取り組み始めた．やがて，GISは交通計画やセンサス調査などに活用され，業務の効率化・高度化に寄与していく．

　カナダの土地資源管理を目的に1960年代に開発が進められたCGIS（Canada Geographic Information Systems）は，世界で最初に実用化されたGISとして知られる．CGISの開発リーダーはGISの父と呼称されるトムリンソン（Tomlinson）である．これもチームワークの結晶であり，彼1人の力でなしとげられたものではない．カナダ政府による豊富な資金提供と人的バックアップがなければ，稼働にこぎつけられなかった．国土面積が広く人口分布が希薄なカナダでは，地形図や土地利用図の作成・更新に莫大な費用を必要とし，国民1人あたりの負担はかさむ一方であった．増え続ける国土管理のための経費を削減すべく，カナダ政府はGISに投資したのである．当時，オーストラリアやスウェーデンでも政府は

GISの実用化に熱心であったが，これらの国々では，カナダと類似した地理的特性を有し，同じような問題を抱えていた．

1970年代になると，ガス，水道，電力，電信電話などユティリティ関連の公共公益企業がGISの開発に乗り出す．地図の更新や図面の書きかえといった日常業務に多額の費用がかかったため，これらの企業は紙地図からデジタル地図への転換によって，経費の削減をはかろうと試みた．システムの開発に携わったのは，実務担当の専門技術者であった．

1980年代初頭には，ワークステーションで稼働する汎用型GISソフトウェアが販売される．データベースや空間解析機能，可視化などに関する高度なアプリケーションを操作可能にさせたのは，アメリカのESRI社，インターグラフ社，シナコム社などのベンダーであった．高性能な商用ソフトウェアは，大学研究者，行政の業務担当者，ビジネスマンなどに受け入れられた．しかしながら，彼らは開発を推進する立場にはなく，いわばユーザであった．

この時期，GISには行政や公益セクターから熱いまなざしが注がれた．都市計画，政策立案，日常業務の効率化・高度化に対する根強い期待があり，そのニーズに応えうるシステムの実用化をめざして製品の開発が進められた．GISの技術的な発展を支えたのは，いわばシステム開発のプロであった．

このような事情で，GISはデータを管理し，実務を支援する便利な道具としてみなされ，アカデミックな世界が本格的にGIS研究に乗り出すのは1980年代になってからである．教育に関してはさらに遅れ，GIS関連のプログラムやコースが大学に設置され，GISが体系的に教授される体制が整うのは1990年代に入ってからであった．

1.4 ツールからサイエンスへ─地理情報科学の誕生─

1980年代中葉のアメリカにおいて，データ収集，データベースの構築，空間分析，可視化，情報伝達に関わる汎用的な方法を探求する学問としてGISを位置づけようとする動きが顕在化する．この学術的な動向をくみ取って，GIS研究の体系化と組織化の必要性を訴えたのは，人文地理学者のアブラー(Abler)[1])であった．1984年，アブラーは全米科学基金（NSF）の会員に推挙され，地理学・地域科学プログラムのディレクターに就任する．彼は，アカデミックな世界に，

地理学の枠を超えて GIS を核としたビッグサイエンスの萌芽がみられるのを好機とみて，GIS 研究を体系的に推進する機関の設置を NSF に進言する．

この働きかけが実って，1988 年に国家地理情報分析センター（NCGIA：National Center for Geographic Information and Analysis）が，カリフォルニア大学サンタバーバラ校，ニューヨーク州立大学バッファロー校，メイン大学からなるコンソーシアムとして設立される．カリフォルニア大学とニューヨーク州立大学では地理学科が，メイン大学では空間情報科学・工学科が活動の中核を担うことになった．本部はカリフォルニア大学サンタバーバラ校におかれ，グッドチャイルド（Goodchild）がディレクターに就任した．NCGIA のスタッフには，地理学，情報科学，測量学，地図学，デザイン学，教育学をはじめ幅広い分野から多彩な人材が集められた．

このセンターの設立にあたって，次の 5 項目が推進すべきタスクとして掲げられた．① 空間分析と空間統計，② 空間関係とデータベース構造，③ 人工知能とエキスパートシステム，④ 可視化，⑤ 社会的・経済的・制度的諸課題．NCGIA は 1990 年代の GIS 研究をリードし，学術交流の世界的ネットワークの結節点となった．NCGIA が主催する国際シンポジウムや国際ワークショップには，世界各地から第一線の研究者が集まった．この時期，NSF からは平均すると年間 500 万ドルの研究費が配分された．

1999 年には，NCGIA は，CSISS（Center for Spatially Integrated Social Sciences）を立ち上げ，社会科学や行動科学へと GIS 研究の幅を広げる．CSISS は，社会科学・行動科学における「立地（location）」「空間（space）」「空間的（spatial）」そして「場所（place）」の重要性を強調しながら，空間科学における GIS の応用可能性を探った．CSISS が精力的に取り組んだのは，GIS における空間分析機能の強化に関する研究であった．インターネット上に存在する空間分析用ソフトウェアを検索するエンジンを開発し，そのデータベースをウェブサイトに公開した[2]．このサイトには，今でも世界各地から多くのアクセスがある．

NCGIA は大学における GIS 教育を推進するため，GIS のコアカリキュラムの策定に乗り出す．1990 年には，「地理情報システムのコアカリキュラム（The NCGIA Core Curriculum in GISystems）」を発表した．これは世界的に大きな反響を呼び，日本語にも翻訳された[3~5]．10 年後の 2000 年 8 月には，NCGIA はコアカリキュラムをグレードアップし，「地理情報科学のコアカリキュラム（The

NCGIA Core Curriculum in GIScience)」として世に問うた[6]．1990年版と2000年版を見比べてみると，2000年版では，GISをツールではなく学問として捉え直していることがよく理解できる．

さらに，NCGIAはコアカリキュラムに実効性をもたせるため，NSFの補助を受けて，SPACE（Spatial Perspectives on Analysis for Curriculum Enhancement）プロジェクトを立ち上げる[7]．このミッションは，大学学部レベルにおける社会科学の教育にGISを浸透させることであった．対象は，人類学，考古学，犯罪学，人口学，経済学，環境学，GIS，歴史学，人文地理学，政治学，公衆衛生学，社会学，都市研究・都市計画学などである．

NCGIAと並び地理情報科学の確立に貢献したのは，UCGIS（University Consortium for Geographic Information Science）である．UCGISは地理情報科学の研究と教育の推進を目的としたコンソーシアムであり，全米の50の大学が参加して1991年に結成された．現在は80近くに増えている．UCGIS本部は，地理情報科学に関する高度な研究と効果的な教育の推進をめざして，加盟大学に学部あるいは学科を超えた連携を呼びかけた．これを受けて，例えば，カリフォルニア大学サンタバーバラ校では，地理学科（24人），人類学・考古学科（14人），環境科学・管理学部（8人），地質学科（6人），海洋科学研究所（4人），計算機科学科（3人），生態・進化・海洋生物学科（3人），電気・計算機工学科（2人），地図・イメージラボ（2人），社会学科（1人）が協力して学内共同組織を構築した．

地理情報科学は学際性の高い学問であるがゆえに，その発展にあたっては分野間の連携や情報の交換は必須である．例えば，測量学，写真測量学，地図学などは，表示，データベースデザイン，精度，可視化において，共通の課題を抱えている[8]．UCGISは特に次の11の学術分野における協力の必要性を説いた．地図学，認知科学，計算機科学（コンピュータサイエンス），土木工学・土地測量学，環境科学，測地学，地理学，景観設計学，法学・公共政策学，リモートセンシング・写真測量学，統計学．

1.5 地理情報科学の深化

GISには，3つの側面，すなわち，①ツールとしてのGIS，②ツール構築とし

てのGIS, ③科学としてのGISが存在する[9]. ①の立場に依拠するのはGISにより社会現象や自然現象の解明をめざす研究者であり, そのほとんどはGISのユーザである. ②の立場を主導するのはデータベース, ビジュアライゼーション, 空間分析の手法を開発するプログラミング技術者や工学系システムエンジニアである. ③に関心をもつのは, 空間解析の手法や地理空間データの取得, 検索方法などを理論的に探究する理学系の科学者, 概念や方法論に関心をもつ社会科学, 哲学などの研究者である. ただし, ①, ②, ③は明確に分けられるものではなく, 実際これら3つにまたがって活動している研究者も多い.

GISの理論研究が成長するのを踏まえ, GISベンダーの技術開発とは一線を画し, アカデミックな世界で, 地理情報科学という新しい学問分野を組織的に推進することの重要性を主張したのは, NCGIAのグッドチャイルド[10]であった. 彼によれば, GISystem (地理情報システム) は実世界を理解するためのツールであるのに対し, GIScience (地理情報科学) は地理情報技術の発達を支える普遍的なサイエンスであるという. 地理情報科学はGISによって提起された空間的諸課題とも密接に関連している. 地理情報科学はGISに関する知識の引き出しとなり, 高速演算を可能にするアルゴリズムの開発, 新しい可視化の方法, 空間データベースの構築といった新機軸の研究も刺激する[11]. なお, カナダやヨーロッパ諸国では, ジオインフォマティクス (geoinfomatics) という用語もよく使われる. 意味する内容は地理情報科学とほぼ同義とみて差し支えないだろう.

ツールかサイエンスか. 1990年代に, GIS論争が活発に行われた. 口火を切ったのは, 政治地理学者のテイラー (Taylor)[12]であった. 彼は,「GISは理論をあまりにも軽視している」と批判した. オープンショウ (Openshaw)[13]はこの見解に真っ向から反論し, 論争に火がついた. このあたりの経緯については, 1997年にAAAGに掲載された「GIS: ツールかサイエンスか?」[9], あるいはProgress in Human Geographyに掲載された「1990年代のGISとその批判」[14]に詳しいのでここではふれない. 両論文とも和訳され,「空間・社会・地理思想」(大阪市立大学) の7号に掲載されているので参照されたい. GIS論争については, 池口がこの雑誌の解題で, 欧米における1990年代の展開を簡素にまとめている[15].

日本では, 地理情報科学の研究は1990年代末から活発化した. そのリード役を果たしたのが1998年に東京大学に設置された空間情報科学研究センターであ

る．地理（空間）情報科学を，「空間的な位置や領域を明示した自然・社会・経済・文化的な属性データを，系統的に構築→管理→分析→総合→伝達する汎用的な方法と，その汎用的な方法を諸学問に応用する方法を研究する学問」と位置づけた[16]．当初は3つの部門（空間情報解析，空間情報システム，時空間社会経済システム）が設けられ，2005年4月から空間情報解析，空間情報統合，時空間社会経済，空間情報基盤の4部門に再編成された．

このセンターは，① 空間情報科学の創生・深化・普及，② 研究用空間データ基盤の整備，③ 産官学共同研究の推進のミッションを担っている．全国共同利用センターとして，全国の大学・研究機関に対して研究・教育の支援，サービスも行っている．

1.6 地理情報科学の教育

21世紀に入り，欧米では地理情報科学の修士号や学士を授与する大学，GISの技術資格証書を授与する大学が増えている．これらの資格を与えるプログラムは，地理学，測量学，土木工学，コンピュータサイエンス，情報学，林学，環境学などさまざまな学科に設置されているが，全体の半数は地理学科におかれている．地理情報科学の学際的な性格を反映してか，複数の学科の連携によってプログラムを構築している大学も多い．GIS技術資格のプログラム提供はコミュニティカレッジでも盛んになっている．これは地域社会のレベルにおいて行政，民間を問わずGIS関連の雇用が増えている証左である．

UCGISは，2006年に「地理情報科学・技術—知識の体系—（Geographic Information Science & Technology : Body of Knowledge）」を発表した[17]．これは，大学学部あるいは大学院修士レベルにおいて，地理情報科学と地理情報技術をいかに教授するか，その枠組み（グランドデザイン）を提示したものである．10の知識分野，73のユニット，329のトピックで構成されている．10の知識分野とは，アルファベット順に，分析方法（analytical methods），地図学と可視化（cartography and visualization），概念的基礎（conceptual foundations），データ操作（data manipulation），データモデリング（data modeling），デザイン的観点（design aspects），ジオコンピュテーション（geocomputation），地理空間データ（geospatial data），地理情報科学・技術と社会（GIS&T and society），組織・制

度的観点（organizational & institutional aspects）である．このレポートは，大学におけるGISのコースとカリキュラムの具体的な実施計画，教育プログラムの評価と比較，GIS技術資格制度におけるポイント加算，プログラム認証などに活用されている．これをバージョンアップした第2版の発行も近く予定されている．

　日本では，東京大学空間情報科学研究センターと地理情報システム学会が中心となり，GISコアカリキュラムを策定するプロジェクトが進んでいる[18]．情報系を念頭においた地理情報工学と地理系を念頭においた地理情報科学の2つの立場から研究が行われている．情報系カリキュラムでは，① 地理情報工学の概論，② 実世界のモデル化，③ 空間データの取得，④ 空間データの管理，⑤ 分析・総合，⑥ 伝達，⑦ GISの開発と利用という7つの柱が設けられている．一方，地理系カリキュラムでは，① GISとは，② 実世界のモデル化と空間概念，③ 空間データの種類と構造，④ 空間データの取得・作成，⑤ 空間データの変換・管理，⑥ 空間データの視覚的伝達，⑦ 空間分析，⑧ GISと社会という8つの柱が設定されている[19]．日本のGIS教育において，地理系研究者と情報系研究者の連携はいまだ弱いといわざるをえない．地理情報科学のコアカリキュラムとして地理系と情報系をいかに統合すれば効果的なGIS教育が可能になるのか．地理系と情報系の協力体制を構築することが求められている．

1.7　最近の動き

　UCGISは，2004年に公表した「地理情報科学における研究指針」[20]を改訂し，2006年に「UCGIS研究指針の次のステップ」と呼ぶアジェンダを公表した[21]．ここには，地理情報科学において推進すべき課題として次の13項目が掲げられている．① 空間データの取得と統合，② 地理情報の認知，③ スケール，④ 地理的表象への拡大，⑤ GIS環境における空間分析・モデル化，⑥ 地理的データの不確実性とGISベースの分析に関する諸問題，⑦ 空間情報基盤の将来，⑧ 分散コンピューティングとモバイルコンピューティング，⑨ GISと社会：相互関係・統合・変容，⑩ 地理的可視化，⑪ 地理情報科学のためのオントロジー基盤，⑫ 地理情報科学における遠隔取得データと情報，⑬ 地理空間データマイニングと知識の発見．

1.7 最近の動き

地理情報科学のなかで,最近,特に研究が活発なのが空間分析(spatial analysis)である.空間分析を中核に据えた研究センターも誕生している.一例をあげれば,2006年にハーバード大学に新しく設けられた地理分析センター(Center for Geographical Analysis)がある.このセンターでは,空間分析の方法論と地理情報の収集・処理に焦点をあてている.センターのボードメンバーには,政治学,景観工学,都市・地域計画学,社会科学,建築学,医学,デザイン学,公衆衛生学,地球惑星科学,工学・応用科学などの学科から多彩な人材が参集している.

周知のように,ハーバード大学では,地理学科が1948年に閉鎖された.またGIS研究の世界的拠点として大きな役割を演じたコンピュータグラフィックス空間分析ラボ(LCGSA,1964年設立)も1980年代後半には閉鎖されてしまった.これ以降,20年間にわたり,同大学にはGISあるいは地理学に関する研究拠点は存在しなかったので,このセンターの役割には大きな期待が寄せられている.

空間分析機能の強化には,GISソフトウェアのベンダーも積極的に取り組んでいる.例えば,ArcGISを擁するESRI社は,バージョンアップするたびに空間解析機能を充実させている.洗練された手法が組み込まれ,今では空間的自己相関やカーネル密度推定,空間回帰,サーフェス分析などが簡単に実行可能である.非営利ソフトウェアとして知られるIDRISIも同様である.空間的意思決定を支援するファジー理論,土地利用・土地被覆変化のモデリング,時間的・空間的モデリング,空間的自己相関,時空間分析,多基準評価,マルコフ連鎖モデル,セルオートマタ,クリギング,バリオグラム,フラクタル,傾向面分析,シミュレーションモデリング,不確実性分析,3D可視化といった高度な空間解析機能を搭載し,一般ユーザの支持を広げている.IDRISIはクラーク大学地理学部のイーストマン(Eastman)によって開発されたGISソフトウェアであり,大学,研究機関を中心に5万本以上の出荷実績を誇る[22].また学術研究に幅広く活用されているフリーのGISソフトウェアであるGRASSも,エリアマーケティング,地形解析,衛星画像解析,災害予測,3次元分析,地球統計学,空間内挿など幅広い機能を提供する.ユーザの支持を集めるには,多様な空間分析機能をどれだけ搭載しているかが鍵である[23].

地理情報科学に関する国際会議も頻繁に開かれるようになった.偶数年に開催されるGIScienceは特に名が知られる.学際性を反映し,認知科学,計算機科学,

工学,地理学,情報科学,数学,哲学,心理学,社会科学,統計学などから,幅広く研究者が参加する.2006年にはドイツのミュンスターで開催され,可視化,データ構造,計算幾何学,空間分析,データベースといった定番のトピックに加え,ナビゲーション,相互運用性,ダイナミックモデリング,オントロジー,セマンティック,ジオセンサー,セキュリティや立地プライバシー,社会との関わり,GIS研究のネットワークといった応用分野についても活発な議論が展開された.

1990年代から2000年代前半にかけて学術雑誌の創刊や誌名変更があいついだが,近年では,地理情報科学をベースにした応用研究,特に空間分析に関連する国際学術誌も発刊されている.2004年には,空間科学の理論と実践的研究に焦点をあてたJournal of Spatial Scienceが,2006年には空間分析における経済学的側面を強調したSpatial Economic Analysisの刊行が開始された.2008年には,GISを援用した計量モデリングや政策指向の空間分析に的を絞ったApplied Spatial Analysis and Policy,そして空間的次元を強調した社会科学のモデルや方法に焦点をあてるLetters in Spatial and Resource Sciencesが刊行される.最後の雑誌では,空間統計学の先駆的研究で名高いアンセリン(Anselin)[24]が編集委員に名を連ねている.

GISの発展には,理論と技術を結びつける仕組み作りが大切であり,産官学の連携が欠かせない.2007年にアメリカに設立されたUSGIF(United States Geospatial Intelligence Foundation)は,この方向に沿った横断的組織として注目を集めている.行政,民間企業,アカデミック,専門組織などのコラボレーションによって,国家セキュリティ,軍事的諸課題に取り組むという.理事には,学術世界からグッドチャイルド(NCGIAディレクター),民間からはESRI社長のデンジャモンド,さらにはロッキードマーティン社(Lockheed Martin Corporation),ボーイング社(The Boeing Company)の副社長などが名を連ねている.

GIS研究の発展は,地表面を研究対象とする人文社会科学と自然科学とのコラボレーションを加速させている.GISとリモートセンシング,GPSが結びついて,地球観測学,地球設計学,地球・地域情報学といった新たな領域も誕生している.

1.8 空間分析の進展

空間分析（spatial analysis）は地理情報科学の中核を担う．GIS の理論と技術の発展に伴って新しい空間分析論が台頭しており，これまでの伝統的な空間分析の見方・考え方，方法論をドラスティックに変えつつある．次に，その動向について考察しよう．空間や地域を扱う学問分野は，地理学，地域経済学，地域科学，犯罪学，都市社会学，都市計画学など多岐にわたるが，いずれの分野でも，GIS を援用した空間分析を積極的に導入している．

1.8.1 空間と時間をいかに切り取って分析するか

地表面で生起する諸現象は多かれ少なかれ互いに関係している．地表面という連続空間を計量的に分析するにはなんらかの操作が必要である．従来とられた方法は，離散的なデータにおきかえることであった．地表面を切り取って単位地域を設定する，あるいはサンプル地点を抽出するなどして，地理行列（geographical matrix）を構築するのが一般的なやり方であった．1960年代から1970年代にかけて，地理行列の構築を出発点として，それに多変量解析を適用した空間分析が盛んに行われた．しかし，このアプローチは，のちに，誤った空間的解釈や歪んだ結論をもたらすと批判され，1980年代以降，漸減する．地理行列化によって，地域（地点）は互いに独立していることが暗黙に仮定されたが，この弊害の大きさがしだいに認識されるに至った．

トブラー（Tobler）[25] は1970年に，「すべてのものは関連する，しかし近くのものは遠くのものよりもっと関連する」と論じた．これは地理学の第一法則と呼ばれたが，1970年代にはあたり前の所与概念として片づけられた．しかし，1990年代になると，この古典的法則が脚光を浴びる．GIS の発展によって，どれだけ近ければどの程度関係するかを定量的に把握できるようになったからである．今や，空間的自己相関は空間分析の主要な研究課題に浮上している[24]．

空間関係を明示的に定義し，GIS で操作可能にする方法はいくつか考案されている．ここでは，点データを対象に，トポロジーに依拠した k 次近隣を用いた方法を紹介しよう[26]．点群は図1.1(a) のように分布すると仮定する．まず，この点群に対して不規則三角形を発生させる（図1.1(b)．ここで，図1.1(c) のように基点0に対し第1次近隣点を定義する．次に，図1.1(d) のように6つの第

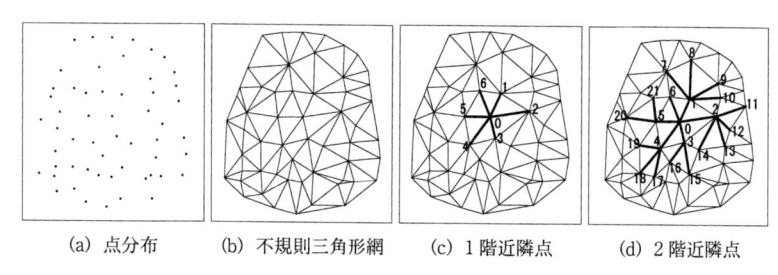

(a) 点分布　(b) 不規則三角形網　(c) 1階近隣点　(d) 2階近隣点

図1.1　不規則三角形網（TIN）における点分布のk階近隣（張・村山，2003）[26]
0は基点，1～6は1階近隣点，7～21は2階近隣点を示す．

1次近隣点（1～6）を起点として，第2次近隣点を発生させる．以下，同様の手順により，第3次近隣点，第4次近隣点，…を発生させていく．一連の操作によって，点群が有するトポロジカルな関係がシステマティックに把握可能になる．

伝統的な空間分析では，時間概念も不用意に扱われてきた．一定のタイムスパンで時間をスライスし，その時間断面ごとに地理行列を作成する，これが従来行われてきたデータ構築の一般的な方法であったろう．「1995年よりは1997年の方が後である」といった順序性のみが考慮され，現象の発生時期，消失時期，生存期間といった時間属性がもつ多様な意味合いは捨象されがちであった．

新しい空間分析では，空間の関係性，時間の連続性ができるだけ損なわれないよう，さまざまな工夫が試みられている．この点に関しては第3章に詳述されているので，参照されたい．

1.8.2　集計思考から非集計思考へ

集計思考は総量や平均値（単位あたりの量）に依拠する考え方であり，非集計思考は集計せずに個々の特性を重視する考え方である．

非集計思考では，人口密度，失業率，緑地率，平均所得といった平均値は意味をなさない．例えば緑地率が90％に達する市町村を，割合が高いというだけで緑豊かな地域とは解釈しない．問われるのは，人が多く居住する市街地にどれだけ緑があるかである．平均所得の指標も同じで，仮に数十億の所得を得ている人が1人でもいれば，その地域の平均所得は格段に高まるであろう．

統計データの多くは，これまで地域（地区）を単位に集計され，利用者に提供されてきた．このため，利用者は集計レベルでしか地域的類似性や地域差を論じ

ることができなかった．いわば，平均値の世界で思考してきたのである．ところが近年，POS，不動産取引情報，パーソントリップ，観測データなどの非集計データが増えている．非集計データの流通は，平均値主義からの脱却を促している．

　2007年に新しい統計法が成立し，これまで原則禁止されていた個票（ミクロ）データの目的外使用が緩和されることになった．国勢調査，世界農林業センサス，事業所・企業統計調査をはじめとする各種政府統計は地理空間情報の宝庫であり，位置情報を付与した非集計データが利用可能になれば，GISを活用した空間分析は大きく進展するに違いない．特に，地域区分は重要である．単位地域に対する利用者のニーズは多様である．コミュニティレベルでは，町丁・字界，調査区，街区，学区，郵便番号区，消防団管轄域，自治会区，班，ゴミ収集圏区，メッシュなど，さまざまな単位地域が想定される．プライバシー保護に十分な配慮をしつつ，この集計作業が利用者側で可能になるのが理想である．空間データマイニング手法の開発や可変的地域単位設定問題（MAUP）の研究がおおいに進むことが期待される．

1.8.3　モデル稼働からデータ稼動へ

　頭のなかで仮説を立て，演繹的にモデルを構築する．モデルをキャリブレーションし，理論通りにデータが振る舞うのを確かめ，モデルの正当性や有効性を主張する．これが従来の社会科学における一般的な研究スタイルであったろう．しかし最近では，データの取得からスタートし，帰納的にモデルビルディングを試みるアプローチが存在感を増している．この傾向は実証科学に限らず理論社会科学や計量行動科学などでも認められる．

　このような状況にあって，GISは仮説検証よりも仮説構築のツールとして威力を発揮し始めている[27]．大量のゴミの山にダイヤモンドが埋もれているかもしれないと考え，GISの力を借りてくまなく探し出す．この考え方は，現場で1つ1つ事実を確認し，そこから秩序を見出し構造化していくというフィールドワークの思想に似ている．「データをもって語らしめる」という発想である．頭のなかでモデルや手法を構築し，それにデータをあてはめるやり方では新たな発見は生まれにくいし，法則も見出せない．

　矢野[27]によれば，この探索的なアプローチを可能にした背景には，地理情報

科学とコンピュータ技術のめざましい発展があるという．パラレルコンピュータや超高速コンピュータを活用することで，大量の地理空間データ処理が可能になった．この方面のアプローチはジオコンピュテーション（geocomputation）と呼ばれ，特にイギリスで研究が進んでいる．詳細は第8章を参照されたい．

1.8.4 パターン・プロセスの把握から予測，制御・管理へ

1950年代末，社会科学において，個性記述から法則定立へという方法論的転換を促す計量革命（quantitative revolution）が起こり，空間分析論が興隆した．空間分析は，一時期における静態的な空間パターンの分析から出発し，やがて動態的な視点を加えた空間プロセス研究へと進展することになる．

1990年代，GISの発展によって，地理空間データの大量処理が容易になると，精緻な帰納的空間予測モデルが次々と構築され，実証研究に応用された．開発された手法は，AHP，多基準評価，遺伝子アルゴリズム，セルオートマタ，エージェントモデルなど，枚挙に暇がない．

今日では，的確な予測モデルを土台にして，地域現象の制御，あるいは管理を視野に入れた研究も増えている．そこでは，持続可能な発展を見据えて，あるべき方向に誘導する方策が検討されている．GISが有する高度なシミュレーション機能を活かしたシナリオ分析は，地域政策や都市計画の策定の強力な援軍となっている．詳細は第10章を参照されたい．

1.9 地理情報科学のこれから

地理情報科学は，地理学，地図学，測量学，情報学，計算幾何学，認知科学などを有機的に結びつけた新たな学問分野として確固たる地位を築きつつある．人文社会科学，自然科学といった既存の学術的枠組みにはとらわれない文理融合型の領域として，発展することが期待される．

多様な研究者を引きつける魅力ある分野として求心力をいっそう高めるには，認知科学の成果をいかに取り込むかが重要な鍵になることを最後に指摘して，本章を閉じたい．実世界の何をどう取り込んでデータベース化すべきか．地理空間情報をどう可視化し，解釈すべきか．オントロジーやHCI（human computer interaction）は重点的かつ喫緊に取り組むべき課題であろう．だれでもどこでもい

つでも GIS を使いこなせる地理空間情報高度活用社会の到来も間近である．GIS の操作性や機能性を向上させるためにも，認知科学には大きな期待が寄せられている．

[村山祐司]

引 用 文 献

1) Abler, R. F. (1987) : The national science foundation national center for geographic information and analysis. *International Journal of Geographical Information Systems*, 1 : 306-326.
2) URL：http://www.csiss.org/search/tools.html を参照．
3) グッドチャイルド，M. F.・ケンプ，K. K. 編，久保幸夫監訳（1993 a）：NCGIA コアカリキュラム― GIS 入門―，慶應義塾大学久保研究室．
4) グッドチャイルド，M. F.・ケンプ，K. K. 編，久保幸夫監訳（1993 b）：NCGIA コアカリキュラム― GIS 技術論―，慶應義塾大学久保研究室．
5) グッドチャイルド，M. F.・ケンプ，K. K. 編，久保幸夫監訳（1994）：NCGIA コアカリキュラム― GIS 応用―，慶應義塾大学久保研究室．
6) URL：http://www.ncgia.ucsb.edu/giscc/ を参照．
7) URL：http://www.csiss.org/SPACE/ を参照．
8) Goodchild, M. F. and Haining, R. P. (2004) : GIS and spatial data analysis : Converging perspectives. *Papers in Regional Science*, 83 : 363-385.
9) Wright, D. J. et al. (1997) : GIS : Tool or science? Demystifying the persistent ambiguity of GIS as "tool" versus "science". *Annals of the Association of American Geographers*, 87 : 346-362.
10) Goodchild, M. F. (1992) : Geographical information science. *International Journal of Geographical Information Systems*, 6 : 31-45.
11) Clarke, K. C. (1997) : *Getting Started with Geographic Information Systems*. Prentice-Hall.
12) Taylor, P. J. (1990) : GKS. *Political Geography Quarterly*, 9 : 211-212.
13) Openshaw, S. (1991) : A view on the GIS crisis in geography, or, using GIS to put Humpty-Dumpty back together again. *Environment and Planning A*, 23 : 621-628.
14) Schuurman, N. (2000) : Trouble in the heartland : GIS and its critics in the 1990 s. *Progress in Human Geography*, 24 : 569-590.
15) 池口明子（2002）：GIS 論争．空間・社会・地理思想，7：87-89．
16) URL：http://www.csis.u-tokyo.ac.jp/japanese/index.html を参照．
17) URL：http://www.ucgis.org/priorities/education/modelcurriculaproject.asp を参照．
18) 科学研究費・基盤研究 A（2005〜7）：地理情報科学標準カリキュラム・コンテンツの持続協働型ウェブライブラリーの開発研究（代表者：岡部篤行東京大学教授）．
19) URL：http://curricula.csis.u-tokyo.ac.jp/ を参照．
20) McMaster, R. and Usery, E. L. (2004) : *A Research Agenda for Geographic Information Science*. Taylor & Francis (CRC Press).
21) URL：http://www.ucgis.org/priorities/research/2006ResearchNextSteps.htm を参照．
22) URL：http://www.clarklabs.org/ を参照．
23) URL：http://wgrass.media.osaka-cu.ac.jp/grassh/index.php を参照．

24) Anselin, L. (1988) : *Spatial Econometrics* : *Methods and Models*. Kluwer Academic Publishers.
25) Tobler, W. (1970) : A computer movie simulating urban growth in the Detroit region. *Economic Geography*, **46** : 234-240.
26) 張　長平・村山祐司 (2003)：空間重み行列に基づく小区域の顕著度の評価．地理学評論, **76**：777-787.
27) 矢野桂司 (2005)：ジオコンピュテーション．地理情報システム（シリーズ〈人文地理学〉, 第1巻, 村山祐司編), pp. 111-138, 朝倉書店.

2 地理空間の認識とオントロジー

2.1 地理情報科学とオントロジー

　GISで地理情報を処理するためには，まず対象となる地理空間をコンピュータ内にモデル化する必要がある．その際，何をどうモデル化するかが問題になるが，それはGISのユーザが地理空間をどのように概念化して捉えるかによる．つまり，GISの専門家であれ素人であれ，地理空間をエンティティ（実体；entity）に切り分けてクラスに分類し，それらに名前をつけることを通して，概念を媒介とした地理空間の理解が成立する．このように対象となる世界をどう捉えるかはオントロジー（存在論；ontology）のテーマでもある．

　もともと哲学分野で始まったオントロジー研究は，1990年代に入ってから地理情報科学でも関心が高まってきた．しかし，オントロジーに対する解釈の幅は広く，地図の凡例，空間データを表現するデータモデルの選び方，データ辞書，分類体系，空間的エンティティの範囲，といったさまざまな意味で使われてきた[1]．こうしたオントロジーの解釈をめぐる不一致は，哲学的オントロジーと情報科学的オントロジーとの違いにも原因がある．

　すなわち，哲学と情報科学・知識工学ではオントロジーの捉え方に次のような違いがある[2,3]．哲学におけるオントロジーは，存在論と呼ばれる形而上学のテーマとして古くから取り上げられてきたが，そこでは知覚・知識・言語に先行する一般的な存在が対象になる．これに対して情報科学のオントロジーは，ある関心領域について共有された理解という意味で用いられることが多く，適用される領域が限定され，また用いる言語にも左右されやすい．つまり，哲学のオントロジーは，より理論的・抽象的で，英語では大文字で始まるOntologyと表記され

ることもあるが，これは情報科学・知識工学における上位オントロジー（top-level ontology, upper ontology）に相当する．一方，情報科学・知識工学では，英語の複数形で ontologies と表記されることが多く，扱う領域ごとに異なることを前提としたドメインオントロジー[4]が主たる対象になっている．

ただし，情報科学的なオントロジーのルーツは哲学に由来し，これまで哲学分野と連携して研究が進められてきたため，両者を明確に区別するのは難しい．ここでは，情報科学分野での捉え方に従って，オントロジーを，「人間が対象世界をどう見ているのかという根元的な問題意識をもって物事をその成り立ちから解き明かし，それをコンピュータと人間が理解を共有できるように書き記したもの」[5]と定義しておく．そうしたオントロジーが備えるべき要件は，個々の概念の明確な定義と相互の関係を明示することである．

情報科学のなかでもオントロジーは，AI（人工知能）研究の一環として展開されてきたが，そこでの関心は人間の知的活動をコンピュータで代行するだけでなく，人間の知的作業を支援したり，非専門家への利用を拡大することに向けられている．つまり，コンピュータどうしだけでなく，人間とコンピュータ，あるいは専門家と素人といった人間どうしで概念を共有する手段の1つとして，オントロジー研究の必要性が高まったのである．また，地理空間を対象とする場合，それは空間認知研究の関心とも重なるところがある．そこで，最初に地理空間を対象にしたオントロジーの特徴を述べた後で，人間の空間認知に関連したオントロジーの諸問題を検討することにする．

2.2　フィールドとオブジェクト―地理空間の2つの見方―

地理空間から情報を取得してデジタルデータを作成する過程は，一般に，実世界を構成する要素としてのエンティティを人間が抽象化して分類し，データモデルに基づいてフィーチャー（地物；feature）に翻訳された後，コンピュータに取り込まれた個々のフィーチャーが，オブジェクト（ここでは図形要素を指し，後述する地理空間の見方としてのオブジェクトとも，オブジェクト指向のそれとも異なる）としてデジタル表現される（図2.1）[6]．その際，エンティティの同定の仕方やデータモデルは，世界に対する人間の見方を反映しており，空間をどう概念化したかが表されている．

2.2 フィールドとオブジェクト―地理空間の2つの見方―

```
[実世界          ]→[エンティティ    ]→[フィーチャー   ]→[オブジェクト      ]
 (地理空間の       (実世界に存在      (抽象化された     (デジタル化され
 構成要素)        する現象や物体)    エンティティ)    た図形要素)
```
　　　　　人間の情報処理　　　　　　　　　コンピュータの情報処理

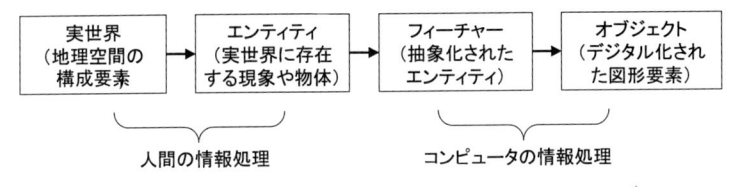

図2.1　地理空間データの作成過程（久保，1996などより作成）[6]

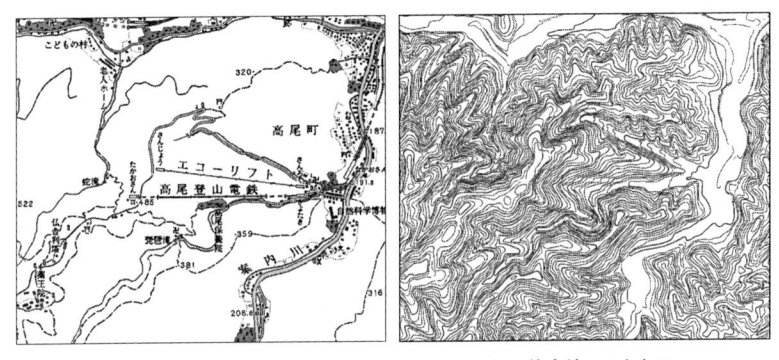

(a) 等高線以外の記号を表示　　　　(b) 等高線のみを表示

図2.2　地形図上にみられるオブジェクトとフィールド
（国土地理院数値地図25000（地図画像）より作成）

　これを図2.2に示した地形図を例にして説明してみたい．図2.2(a) の地図では，寺社や学校などの点記号，鉄道や道路などの線記号，水域や市街地などを表す面記号によって，あらかじめ分類されたカテゴリーに含まれる地物の位置が示されている．つまり，それらの地物にとって，位置は属性の1つにすぎず，また対象地域のすべてを地物が覆い尽くすわけではない．こうした捉え方がオブジェクト（対象物：object）モデルの特徴である．一方，図2.2(b) の等高線は，図郭内のすべての地点について標高という単一の値が付与されていることを仮定している．これがフィールド（場；field）モデルの見方を表している．
　つまり，フィールドモデルが対象領域をくまなくカバーする連続的な地理空間を想定するのに対し，オブジェクトモデルではオブジェクトどうしが重なったり，空隙があることも許容される離散的な空間を想定しているという違いがある．また，フィールドモデルでは，まず先に位置があってそこに何があるかを表すのに対し，オブジェクトモデルでは位置は属性の一種として第二義的な性質となる．これを物理学的空間に対比すると，地理空間を原子の集合と捉えるか，物

質が充満した空間(plenum)と捉えるかの違いに相当する[7].

こうした区別は,ベクタとラスタという GIS の 2 種類のデータ構造とも密接に関係する.つまり,オブジェクトモデルはベクタデータで,フィールドモデルはラスタデータで,それぞれ表現するのに適した性質をもっている.ただし,ベクタとラスタというデータ形式の違いは,オブジェクトとフィールドという空間の 2 つの見方にそのまま対応するわけではない.例えば,地形図上で標高を表す等高線を考えてみる(図 2.2(b)).等高線のパターンから地表面の連続した起伏を捉えるとき,それはフィールドとして地図を眺めていることになる.しかし,等高線は地表の等しい標高点をつないだ線のオブジェクトとして捉えることもできる.また,ラスタデータを構成するグリッドを点やポリゴンのフィーチャーに変換すればベクタデータとしても処理できる.つまり,ベクタかラスタかはデータ形式の種類であって図 2.1 中のコンピュータによる情報処理に含まれるが,オブジェクトかフィールドかという空間の捉え方は図 2.1 中では人間の情報処理に属し,地理情報処理におけるフェーズが異なると考えるべきである.

これを人間の空間認知との適合性からみると,日常的な経験における地理空間は,オブジェクト的に捉えられるのが一般的である[8].例えば,天気図を例にとると,一般人の興味の対象は,オブジェクトとして示された場所ごとの天気に向けられるであろう.そのため,天気予報ではフィールドとしての気圧配置を「前線」「高気圧」といったオブジェクトにおきかえながら,個々の場所の天気を説明することになる.しかし,気象学の専門家なら,気圧や風向といった気象要素の分布をフィールドとして捉えて,対象地域全体の天候やその変化に関心を向けるかもしれない.

このように,人間の日常的関心は不連続な地理空間をオブジェクトとして捉えることで満たされることが多いのに対し,科学者の興味は気温,降水量,高度,土壌といった要素が地表面をくまなくカバーするフィールドとして捉え,それらの分布から法則性を導き出したり変化を予測することに向けられる.ただし,科学のなかでもオブジェクト的な見方とフィールド的見方のいずれかが支配的な分野がある[9].例えば,オブジェクトに基づく科学分野には,古典物理学,分子化学,細胞生物学,解剖学などがあり,フィールドに基づく科学分野には,量子論,電磁気学,流体力学,気象学などがある.科学の歴史からみると,オブジェクト的見方からフィールド的見方に移行してきたともいえるかもしれない.

また，人間が認知する地理空間の捉え方は，空間スケールによっても異なることがある．例えば，一目でみわたせるような小規模な空間に存在する地物はオブジェクトとして認識されることが多く，大規模な空間になるほどフィールドとして捉えられるという見方もできる[7]．このような空間スケールによる捉え方の違いは，地理空間が本質的に多重表象（multiple representation）の性質を帯びており，異なる見方が重ね書きのように併存していることを意味している．そのため，2つの見方は優劣をつけられるものではなく，両者を結びつけた新たなデータモデルの開発[10]も試みられている．

一般に，自然言語を媒介にした人間の情報伝達では，連続した空間としてのフィールド的見方よりも，離散的空間として概念化されたオブジェクト的見方の方が適しているため，オントロジー研究でも地理空間におけるオブジェクトが主たる対象となっている．また，GISの解析機能の多くは，オブジェクトを主な対象として開発が進んできたといえる．ただし，従来のオントロジー研究では卓上や室内の人工物が主たる対象になってきたが，地理空間の構成要素にはそれらと異なる独自の性質がみられる．そこで，以下では地理空間のオントロジーを特徴づける空間スケール，オブジェクトの境界，カテゴリー化について考えてみたい．

2.3 空間のスケール

地球表面を対象にする地理学は，宇宙全体といった巨大な空間や，素粒子などの微小な空間は対象にしないため，地理空間は，それらの中間にある，日常的に人間が経験できるメゾスコーピック（mesoscopic）なスケールに限定される．ハゲット（Haggett）[11]によれば，それは距離にして地球の1周に相当する4.01×10^9 cmから敷地に相当する10^3 cm程度のオーダーに含まれる．ただし，全球から敷地スケールまでの間にもさまざまな地理空間があるため，それらを区別するためにハゲットは地球の全面積を基準にした「Gスケール」という対数尺度を考案した．

こうした空間スケールを人間の経験から捉え直したモンテロ（Montello）[12]は，微小（minuscule）空間，図形（figural）空間，眺望（vista）空間，環境（environmental）空間，巨大（gigantic）空間，の5つに分類した（表2.1）．この分類には，それぞれの空間を把握する際の，①技術的補助の必要性，②身体移動

表 2.1　スケールに基づく空間の類型化 (Montello, 1999 より作成)[12]

空間類型	分類基準			事例
	空間把握のために技術的補助が必要	空間把握のために身体移動が必要	規模の大小	
微小空間	○	×	微小	微生物・分子・原子
図形空間	×	×	身体より小	卓上模型
眺望空間	×	×	身体より大	部屋・家屋
環境空間	×	○	身体より大	近隣地区・都市
巨大空間	○	×	巨大	国・世界・宇宙

の必要性，③規模の大小という3つの基準が用いられている．ここで，①の基準は顕微鏡や望遠鏡のような道具，あるいは写真や地図のようなメディアを介してしか把握できない対象と直接的に観察できる対象とを区別する．②の基準は空間を学習する仕方の違いを表し，③の基準によって物的空間との対応関係が明確になる[13]．微小空間は，顕微鏡などの装置を使わない限り肉眼では観察できないミクロな空間である．図形空間とは身体より小さく移動せずに知覚によって捉えられるもので，絵や小さな物体のような2次元，3次元の対象が含まれる．眺望空間は，部屋，街の広場，小さな谷などのように，身体よりも大きいが移動しなくても視覚的に把握できる対象を指す．環境空間は，身体より大きくそれを取り巻き，移動しなければ把握できない範囲で，林立するビル，近隣地区，都市などが含まれる．巨大空間は，移動によっても全体を把握できず，地図や模型でしか捉えきれない大規模な空間である．このうち，地理学が対象にするのは，眺望空間から巨大空間の間にある．

　空間スケールの違いを踏まえると，地図や GIS のユーザは，一目でみわたせない大規模な地理空間（表2.1の巨大空間や環境空間）を小規模な空間（表2.1の図形空間）に表現して扱っていることになる[14]．その場合，GIS のユーザインターフェースは，モニタ上での視覚的空間，コンピュータのキーボードやマウスの操作を通した触覚的・運動感覚的空間，知覚を超えた大規模空間という，異なる種類の空間が関わることになる．

　これらの空間がユーザにどのように認知され関連づけられるかを考える際には，言語学者レイコフ (Lakoff)[15] の経験的実在論 (experiential realism) が1つの手がかりとなる．経験的実在論によれば，人間が作り出す概念の基盤は身体と環境との相互作用にあり，そうした身体性の絡んだ経験を通じて概念体系の中核

部分が構成され，それがメタファー（metaphor）によって拡張されて抽象的レベルに至る概念体系が形成されると考えられる．これを GIS の操作にあてはめると，人間の認知的カテゴリーや概念が日常の操作可能な空間での体験に根ざしており，それは 3 次元の対象物中心的または自己中心的な参照系に基づいているのに対し，GIS が扱う大規模地理空間は緯度・経度などの外部の参照枠によって位置を定められる．経験的実在論によれば，これらの異なる空間は，身体を媒介にした体験に根ざす空間概念を基盤としてメタファーによって関連づけられることになる．

以上のように，地理空間のオントロジーの特徴の 1 つは，空間スケールによって性質が異なるところにある．つまり，同じ地物でも全球レベルで概念化されるオブジェクトと都市レベルでのそれとは違ったものになる．また，卓上や室内といった小規模空間の物体は，自由に位置を移動できるため，「何が」と「どこに」は独立に扱えるが，地理空間上のオブジェクトは，「何が」と「どこに」を切り離せないという特徴がある[16]．その結果，異なるスケールのオブジェクトどうしの関係は部分-全体の関係で階層的に組織され，メレオロジー（mereology）的な包含関係を形成することも地理空間の特徴の 1 つである[17]．

ここで，「何が」と「どこに」を切り離せないという地理的オブジェクトの性質に着目すると，それを認識できるためには，動く物体と位置が固定された地物とを識別する能力が必要になる．人間の発達研究によれば，幼児でも 4 歳までにはそうした区別が可能になると考えられる[18]．ただし，空間スケールによる階層的関係を理解するには，類包含（class inclusion）と推移率（transitivity）という論理的操作が必要になるため，ピアジェ（Piaget）の発達説では具体的操作の段階にあたる 7 歳頃から空間スケールの理解が可能になると予想される[19]．

2.4 地理的オブジェクトの境界

室内や卓上の物体とは違って，大規模で連続した空間を任意の境界で区切った地理的オブジェクトは，必ずしも明瞭な境界をもつとは限らない．スミス（Smith）とマーク（Mark）[20]は，こうした地理的オブジェクトの境界を真正（bona fide）なものと規約的（fiat）なものとに分けることを提案した．真正境界は，対象物にみられる質的・空間的不連続に対応するもので，例えば身体の境界

としての皮膚，あるいは海岸線や河川などのように，だれもが共通に識別できるものである．一方，規約境界は人間の認知や行為に基づいて区分され，例えば首と頭といった身体の部位や，国や市町村の行政界のように，肉眼で明瞭に区別するのは難しく，また人によって区分の仕方が異なることがある．そのため，真正境界は普遍性をもつのに対し，規約境界は文化や社会による違いがみられる．

　ここで，「山」を事例にしたスミスとマークの議論[9]を紹介しておきたい．彼らが，アメリカの大学生に「地理的フィーチャー」を自由にあげさせたところ，山や川などの自然環境要素が大半を占めることがわかった[18]．これは，自然環境が人類登場以前からの変わることのない地表の存在として人々に認識されていることを示唆する．ただし，「地図に描かれるもの」という質問に対する回答では人工的環境要素が多くなる．こうした傾向は，フィンランド，クロアチア，イギリスで行われた予備調査でもほぼ同様のものであったことから，一般の人々の地理空間に対する概念は，ある程度の共通性をもつと考えられる．

　最も典型的な地理的フィーチャーといえる山について考えてみると，そのオントロジーは個体 (individual) と種類 (kind) の2つのレベルで捉えられる．個体とは，固有名や指標的表現によって表される存在であるのに対し，種類としての山は普通名詞で表され，他の関連する概念とともに階層的に組織化される．個体としての山は，地図上で山頂に名称をつけたオブジェクトによって示されるが，個々の山の範囲は必ずしも明確ではない．例えば，地球上の一部を占めるエヴェレスト山は人間がそれを認知するかどうかとは無関係に実在するわけだが，オブジェクトとしてみたエヴェレスト山は人間の信念や習慣が生み出したものである．また，チベット名ではそれをチョモランマと呼ぶが，現地の人々にとって，その山の範囲は地形学的にみたそれとは一致しないかもしれない．このように，エヴェレストという山の境界は，規約的なものといえる．

　個々の境界が規約的か真正かは，見方によって変わることもある．例えば，政治的に区画された国境は規約境界の典型例であるが，もしそれが海岸線や河川や尾根に沿って明瞭に識別できる場合は，真正境界にもなる．また，衛星画像の場合，観測データそのものはフィールドとみなされるが，画像解析の結果分類されたものは規約境界をもつオブジェクトとなる[21]．場合によっては，地理的オブジェクトのなかにオブジェクト型とフィールド型があり，後者には真正境界だけでなく，社会的に構築された規約境界をもつ場合もある[22]．

一般に，任意の境界で区切られた地表面を地域（region）と呼ぶが，地理空間をどのように区分して地域を設定するかは地理学の伝統的なテーマの1つであった[23]．第二次世界大戦後に支持されるようになった地域便宜説では，目的に応じて異なった地域区分が許容されるため，地域をどう概念化し，捉えるかが境界の設定に決定的な影響を及ぼすことになる．また，そうして区分された地域の境界は，しばしば曖昧さ（vagueness）を伴いがちである．その原因として，モンテロ[24]は，①測定精度に起因する曖昧さ，②区分に用いる変数の組合せによる曖昧さ，③時間的変化による曖昧さ，④境界に対する合意のなさによる曖昧さ（国境紛争など），⑤概念自体の曖昧さをあげている．結局，地域区分とは，フィールドとして捉えた連続的な地理空間を離散的なオブジェクトに切り分けて扱うための概念的操作としてみなすことができ，その境界は多分に規約的な性質を帯びている．

2.5　地理的カテゴリーの文化的多様性

　すべての対象を高い抽象レベルで形式化することをめざす哲学的な上位オントロジーとは違って，地理情報科学が主として扱うのは，対象領域ごとに構築されるドメインオントロジーである．特に，一目でみわたせない規模の地理空間の概念化は，スケールや文化による違いを考慮する必要があるが，そうした多様性を捉えるには，自然言語を使用したカテゴリー分類が1つの手がかりになる．
　例えば地図を例にとると，時代，国・地域，用途などによって，使用される地図記号には微妙な違いがみられ，そこには地理空間の概念化の仕方の相違が反映されている．また，環境の状態が概念化に与える影響として，シュールマン（Schuurman）[1]は植生分類を例にとりながら，EU（欧州連合）の植生分類体系（CORINE）が，イギリスやアイルランドの自然環境には適合しないことを指摘している．
　自然言語を通した地理空間のカテゴリー化について異文化比較した例として，マークとターク（Turk）[25]の研究がある．彼らは北西オーストラリアのピルバラ地方に住む先住民（アボリジニー）のインジバンデ（Yindjibardi）と西洋人による景観の捉え方を語彙によって比較している．水域に対する語彙を英語と比較すると，インジバンデでは永続性に力点をおいた分類に特徴がみられる．一方，丘

についてのインジバンデのカテゴリーは，凸型地形を表す英語の複数の語彙を1つの語でカバーするというように簡略化されている．これをオブジェクト的かフィールド的かという空間の概念化の仕方からみると，オーストラリア原住民は景観を連続的フィールドとしてみる傾向があるのに対し，西洋人はカテゴリーを使ってオブジェクト的に捉えるという違いも指摘されている．

この点は，心理学者のニスベット（Nisbett）が東アジアと西洋の人々を比較した認知心理学的実験の結果とも符合する．ニスベットによれば，西洋人が世界を個別的で互いに関連のない対象物の集まりとしてみているのに対し，アジア人は連続的な実体として世界をみているという[26]．これは，古代ギリシアと古代中国の哲学における世界観の違いにも対比できる．この考えに従えば，地理空間を西洋人はオブジェクトとして，アジア人はフィールドとして，それぞれ捉える傾向が強いと予想される．

また，空間のカテゴリー化にみられる文化的差異については，文化人類学を中心にした民俗分類（folk taxonomy）の研究として数多くの事例が報告されている[27]．それらの研究にならえば，文化を超えた普遍性をもつ上位オントロジーは，外部者の基準によるエティック（etic）な分析から導き出され，文化ごとに異なる下位のオントロジーは内部者の認識によるイーミック（emic）な分析によって捉えられるであろう．もともと環境に対する人間の認識や思考が言語に規定されているという考え方は，言語学のサピア＝ウォーフ仮説[28]が1つの根拠となっているが，そこから派生する言語的相対主義には懐疑的見解も少なくない．むしろ，前述の経験的実在論[15]に従えば，人間に共通する身体的基盤をもとにして，ある一定の共通した空間の概念化を見出すことは可能であろう．オントロジーを考えるにあたって重要なのは，語彙に現れたカテゴリーそのものではなく，その背景となる概念化について明示的に明らかにすることである．そのためには，単なる語彙の比較だけでなく，それが使用される文脈を含めた意味論的な検討も重要になる．

ここで，オントロジーの文化的多様性と，その共通項としての上位オントロジーとの関係性について考えてみる．モンテロ[29]は，空間認知の文化的差異が「文化に起因する差」と「文化と共変動する差」とに分けられることを指摘した．つまり，文化的差異のなかには，後者のように必ずしも文化そのものに起因しない見かけ上の差異が含まれると考えるべきである．その上で，文化を超えた人間

の空間的能力の普遍性をもたらす根拠として,神経系の組織,身体の構造とプロセス,学習と社会化,居住環境が人類の間で類似していることをあげている.一方,文化的差異をもたらす原因については,言語による空間表現,知覚の仕方,行動圏と活動空間,幾何学や距離の測定単位といった空間の形式的測定法,環境の手がかりの違いがあげられる.しかしながら,文化的差異に関する証拠の多くは,伝統的文化と技術的先進文化の比較に基づいており,近代化やグローバル化が進むにつれて,そうした文化的差異は解消されていく可能性もある.いずれにせよ,地理空間の上位オントロジーの構築のために当面行うべき作業は,地物の異文化対照辞書のようなものを通して,文化を超えた人類共通の空間の概念化を見出すことであろう.

2.6 地理空間の常識的知識としての素朴地理学

　これまで述べてきたことから明らかなように,地理空間のオントロジー研究に取り組むには,哲学や情報科学のみならず,認知的側面からのアプローチも必要になる.また,人間の空間認知特性をGISに組み込むことは,専門家だけでないより広範な利用者に向けたGISの次世代型ユーザインターフェースの設計にとって重要な意味をもつ[30].そうした取り組みの一環として,素朴地理学(naive geography)に関する研究がエーゲンホーファー(Egenhofer)らによって着手されている.素朴地理学とは,一般の人々が周囲の地理的世界についてもっている一連の常識的知識を指し,人間が日常経験から作り上げた素朴な信念の体系としての素朴理論(naive theory)の一部を構成する[31].これは,AI研究における素朴物理学に着想を得たもので,人間の常識的知識をモデリングすることを通して,コンピュータ上での定性推論[32]を実現することが可能になる.

　これにならって,エーゲンホーファーとマーク[31]は,常識的な地理的推論をGISへ組み込むために素朴地理学に着目し,その基本的要素として,表2.2の14項目をあげている.表2.2に示した性質の多くは,従前の空間認知研究で得られた知見[13]にもある程度符合する.見方をかえれば,空間認知研究は人間の常識的な地理的理解の性質を明らかにすることをめざしてきたともいえる.表2.2のなかには,9～14の項目のように,ユークリッド空間を前提にした通常のGISでは扱うのが難しい性質も含まれている.従前の空間認知研究は,こうした

表 2.2 素朴地理学の基本的要素（Egenhofer and Mark, 1995 より作成）[31]

1	素朴な地理空間は2次元である．つまり，操作可能な空間の卓上物体とは違って，地理空間は水平に広がる2次元空間として理解される
2	地球は平面である．例えば，日常の移動に際して人間は地球の曲率は意識せず，平面として理解している
3	地図は体験よりも現実味を帯びている．つまり，人には地理空間上での位置が記憶や体験よりも地図上でよりよく表現されるという思い込みがある
4	地理的エンティティは卓上模型とはオントロジーの性質が異なる．例えば，地理空間上での湖の存在は水として認識されるわけではない
5	地理空間と時間は強く結びついている．例えば，英語の acre，ドイツ語の Morgen，フランス語の arpent などの面積を表す単位は，家畜を使って1日で耕作可能な範囲に相当する
6	地理情報は不完全なことが多い．いいかえれば，人間は不完全な情報からでも十分に正確な推論を行うことができる
7	人々は地理空間を多重に概念化している．つまり，スケールや操作の違いに応じて，人間は空間を異なる仕方で概念化したり幾何学的に捉える
8	地理空間の詳細さにはさまざまなレベルがある．すなわち，スケールや問題解決の必要性に応じて地理空間を概念化する詳しさも異なる
9	境界はエンティティになったりならなかったりする．そのため，隣接する領域の性質により，境界は非対称な性質を帯びることがある
10	位相性が重要で，計量性は二の次である．つまり，地理空間では位相情報が最も重要な情報で，距離や形状などの計量的な特性は補助的に用いられる
11	人々のメンタルマップは東西・南北方向へのバイアスをもつ．これは，人間の空間的知識の階層構造や体制化によって，ふぞろいな位置関係が基本方位に沿って整列化する性質に起因する
12	距離は非対称である．そのため，認知距離はユークリッド幾何学の距離の公理を満たさない
13	距離推定は局所的に行われ，大域的ではない
14	距離は簡単に計算が合うわけでない．そのため，区間ごとの距離を加算しても総距離とは一致しない

人間の素朴な地理的知識の特徴を合理的に説明することを目的にしていたのに対し，素朴地理学はそれらの性質を GIS に組み込むことをめざすことになる．そうした目標の違いはあるものの，これは空間認知と GIS との接点で取り組むべきテーマの1つといえる[33,34]．

2.7　地理情報科学におけるオントロジーの役割と課題

　一般に，情報科学におけるオントロジーの効用としては，次の点があげられる[35]．すなわち，① 対象世界の骨格を明示したオントロジーを媒介として合意形成が促進される，② 暗黙情報を明示化する，③ 知識の再利用と共有，④ 知識の体系化，⑤ 語彙や概念の標準化，⑥ モデル構築に必要な基本概念とガイドラ

インを提供するメタモデル的機能，である．地理情報科学にとってのオントロジー研究は，特にシステム間の相互運用性（interoperability）の向上や，データの標準化，その結果としての情報の共有や再利用といった面での応用が期待されている．

例えば，「環境情報科学」（33巻4号，2005年）には，環境情報の内容を表すメタデータを付加したセマンティックWebへのオントロジーの応用事例が特集記事として掲載されている[36]．また，最近では知識の生成から利用までをカバーするオントロジー駆動型GIS（ODGIS）の開発も試みられている[37]．データの標準化についても，ISOの規格（第3章参照）に準拠した地物カタログと既存のデータとの関連づけにオントロジーが利用できる可能性がある．もともと地理情報科学はさまざまな関連分野にまたがっているため，分野ごとのオントロジーを関連づけて統合する必要性は高いと考えられる．

オントロジーについて当面の間取り組むべき基本的課題として，アメリカのUCGIS（地理情報科学大学連合）は，① 概念的問題としての地理空間領域についてのオントロジーの確立，② 表現・論理の問題としてのオントロジーの形式化方法，③ コンピュータへの実装（implementation）をあげている[38]．特に，地理空間オントロジーで検討すべき重要な点として，本章でも述べたオブジェクトとフィールドの二分法とともに，時間次元の扱い方がある[2,3]．前者の課題については，フィールドとオブジェクトを統合したモデルも提案されている[10]．時間の扱い方については，スミスら[39]が特定の時点での同時的世界のオントロジーとしてのSNAPと特定の期間についての継時的世界のオントロジーとしてのSPANに区別して論じている[40]．その場合，SNAPについては変化を無視できる実体としての連続物（continuant）が，SPANでは変化を考慮すべき生起物（occurrent）やプロセスが主たる対象になる．また，グッドチャイルド（Goodchild）ら[41]は，動態的側面を取り入れた新たなデータモデルを提案している．

今のところ，完成度の高い実用的な地理空間オントロジーは構築されていないが，地理情報科学におけるオントロジーが担う役割は，その基礎となる用語集や分類体系を整備するだけでなく，その過程で地理的概念の明確な定義と相互の関係を明らかにし，地理空間の成り立ちを解明することにあるように思われる．それはまた，空間や地域をめぐる地理学の伝統的な研究テーマを新たな視点から捉え直すことにもつながるであろう．

［若林芳樹］

引用文献

1) Schuurman, N. (2006) : Formalization matters : Critical GIS and ontology research. *Annals of the Association of American Geographers*, **76** : 726-739.
2) Agarwal, P. (2005) : Ontological considerations in GIScience. *International Journal of Geographic Information Science*, **19** : 501-536.
3) Winter, S. (2001) : Ontology : Buzzword or paradigm shift in GIScience? *International Journal of Geographical Information Science*, **15** : 587-590.
4) 溝口理一郎 (2005)：オントロジー工学, オーム社.
5) 前掲4), p. 3.
6) 久保幸夫 (1996)：新しい地理情報技術, p. 20, 古今書院.
7) Couclelis, H. (1992) : People manipulate objects (but cultivate fields) : Beyond the raster-vector debates in GIS. *Lecture Notes in Computer Science*, **639** : 65-77.
8) Schuurman, N. (2005) : Social perspectives on semantic interoperability : Constraints on geographical knowledge from a data perspective. *Cartographica*, **40**(4) : 47-62.
9) Smith, B. and Mark, D. M. (2003) : Do mountains exist? Towards an ontology of landforms. *Environment and Planning B*, **30** : 41-427.
10) Cova, T. J. and Goodchild, M. F. (2002) : Extending geographical representation to include fields of spatial objects. *International Journal of Geographical Information Science*, **16** : 509-532.
11) ハゲット, P. 著, 梶川勇作訳 (1976)：立地分析 (上), 大明堂.
12) Montello, D. R. (1999) : Thinking of scale : The scale of thought. *Scale and Detail in the Cognition of Geographic Information* (Montello, D. R. and Golledge, R. G. eds.), pp. 11-12, NCGIA Varenius Report.
13) 若林芳樹 (1999)：認知地図の空間分析, 地人書房.
14) Mark, D. M. and Freundschuh, S. (1995) : Spatial concepts and cognitive models for geographic information use. *Cognitive Aspects of Human-Computer Interaction for Geographic Information Systems* (Nyerges, T. L. et al. eds.), pp. 21-28, Kluwer Academic Publishers.
15) レイコフ, G. 著, 池上嘉彦ほか訳 (1993)：認知意味論, 紀伊国屋書店.
16) Smith, B. and Mark, D. M. (1999) : Ontology with human subjects testing : An empirical investigation of geographic categories. *American Journal of Economics and Sociology*, **58** : 245-272.
17) カサティ, R. ほか著, 齋藤暢人訳 (2003)：地理的表象のための存在論的ツール. 季刊InterCommunication, **45** (Summer) : 80-91.
18) Smith, B. and Mark, D. (2001) : Geographical categories : An ontological investigation. *International Journal of Geographical Information Science*, **15** : 591-612.
19) 若林芳樹 (1997)：空間的知識の階層構造と認知地図の歪み. 地理学「知」の冒険 (中村和郎編), pp. 41-61, 古今書院.
20) Smith, B. and Mark, D. M. (1998) : Ontology and geographic kinds. *Proceedings, International Symposium on Spatial Data Handling*, July, pp. 308-320.
21) Camara, G. et al. (2001) : What's in an image? *Lecture Notes in Computer Science*, **2205** :

474-488.
22) Fonseca, F. et al. (2006) : A framework for measuring the interoperability of geo-ontologies. *Spatial Cognition and Computation*, 6 : 309-331.
23) 中村和郎ほか (1991)：地域と景観 (地理学講座, 第4巻), 古今書院.
24) Montello, D. R. (2003) : Regions in geography : Process and content. *Foundations of Geographic Information Science* (Duckham, M. et al. eds.), pp. 173-189, Taylor and Francis.
25) Mark, D. M. and Turk, A. G. (2003) : Landscape categories in Yindjibarndi : Ontology, environment, and language. *Lecture Notes in Computer Science*, **2825** : 28-45.
26) ニスベット, R. E. 著, 村本由紀子訳 (2004)：木を見る西洋人　森を見る東洋人—思考の違いはいかにして生まれるか—, ダイヤモンド社.
27) 今里悟之 (2006)：農山漁村の〈空間分類〉—景観の秩序を読む—, 京都大学学術出版会.
28) ウォーフ, B. L. 著, 池上嘉彦訳 (1993)：言語・思考・現実, 講談社.
29) Montello, D. R. (1995) : How significant are cultural differences in spatial cognition? *Spatial Information Theory : A Theoretical Basis for GIS* (Frank, A. U. and Kuhn, W. eds.), pp. 485-518, Springer.
30) Mark, D. M. et al. (1997) : Formal models of commonsense geographic worlds : Report on the specialist meeting of Research Initiative 21. *NCGIA Technical Report*, 97-2, p. 44.
31) Egenhofer, M. J. and Mark, D. M. (1995) : Naive geography. *Spatial Information Theory* (Frank, A. U, and Kuhn, W. eds.), pp. 1-15, Springer-Verlag.
32) 淵　一博監修 (1989)：定性推論 (知識情報処理シリーズ, 別巻1), 共立出版.
33) 若林芳樹 (2001)：地理情報科学における「認知論的転回」— NCGIA の研究プロジェクトを中心として—. 理論地理学ノート, **12**：47-65.
34) 若林芳樹 (2003)：空間認知と GIS. 地理学評論, **76**：703-724.
35) 前掲4), pp. 32-35.
36) 柴崎亮介 (2005)：環境情報とオントロジー. 環境情報科学, **33**(4)：3-8.
37) Fonseca, F. et al. (2002) : Using ontologies for integrated geographic information systems. *Transactions in GIS*, **6** : 231-257.
38) Mark, D. M. et al. (2005) : Ontological foundations for geographic information science. *A Research Agenda for Geographic Information Science* (McMaster, R. B. and Usery, E. L. eds.), pp. 335-350, CRC Press.
39) Grenon, P. and Smith, B. (2004) : SNAP and SPAN : Towards dynamic spatial ontology. *Spatial Cognition and Computation*, **4** : 69-104.
40) 加地大介 (2005)：オントロジー構築のための実在論的方法論. 人工知能学会誌, **20**(5)：595-605.
41) Goodchild, M. F. et al. (2007) : Towards a general theory of geographic representation in GIS. *International Journal of Geographical Information Science*, **21** : 239-260.

3 時空間概念と地理空間データモデル

3.1 地理空間データモデリング

　本章では，実世界に生起する現象をわれわれはどのように捉え，記述し，モデルとして表現するかを解説する．実世界に生起する現象は地理空間データとして記述される．地理空間データとは，地球上の場所およびその場所に明示的または暗示的に関連づくデータである．地球上の場所は空間的な場所と時間的な場所で示される．ここで場所（location）とは，空間および時間上で他と識別できる情報をもつ「ところ」を指す．空間的な場所は，住所や郵便番号のような識別子で示されるとともに，緯度・経度や直交座標のような座標として示される．また，時間的な場所は，実世界の現象が生起した年代や時点および持続した期間で示される．

　われわれは実世界で起きている現象を完全に情報化することはできず，目的に応じた側面からこれを記述することになる．例えば建物について，その位置を代表する点および用途で表現すれば，土地利用の規制に適合しているか否かの判断ができる．さらに，そこに収容される人々の誕生年がわかれば，対象となる地域の建物用途別の老齢化状況が把握できるであろう．このような，実世界の特定の現象の一部分を切り取ってできる概念の表現をモデルという．しかし，そもそも実世界の現象というものは，どのような記述の仕方があるのかを知らなければ，的確な記述ができない．このような，実世界の現象の記述法を示すモデルのことをメタモデルという．例えば「建物Aは新宿区にあり，その用途は住宅，居住者の平均年齢は2007年現在35歳である」は地理空間データである．これに対し，「建物という地物は属性として名称，場所，用途および居住者の平均年齢をもつ」

は建物の概念を示すモデルである．さらに「地理空間に存在するものは地物といい，地物は固有の性質としての属性をもつ」はモデルのモデル，つまりメタモデルである．

本章ではまず，実世界の現象が生起する舞台としての時空間の概念について紹介する．次に地理空間データを記述するためのモデルおよびメタモデルについて解説する．そして最後に，地理空間データモデリングに関する今後の展望を述べたい．

3.2 空間と時間の概念

3.2.1 空間の概念

われわれは，だれかの居所を知りたいとき，普通は住所を尋ねる．これは「住所はあるか，またあるとすればどこ？」という質問になる．次に，その住所にたどり着くための経路を知りたくなるかもしれない．多分，最寄りの駅や有名なランドマークからの道順（例えば，駅前の道路をまっすぐ行って2つめの交差点を右にまがって左側3軒め）を教えてもらうことになる．しかし実際にその家に行くときは，さらに，たどり着くまでの時間や距離を尋ねるであろう．つまりわれわれの日常生活では，対象となる場所は，場所の識別子（例えば住所），そして基準となる場所との相対的な関係（例えば道順や距離）によって知ることが多い．互いに関係をもつ「もの」の集まりのことを空間というが，「もの」が地球とその周辺に分布している場所である場合は地理空間という．

ところで，道順や距離は2つの場所の関係を示すが，正確な方向を示すことはできない．道なき道を行く場合は，例えば「目的地は北から時計回りに25°の方向に5 km」といわれると，わかりやすい．つまり，場所は距離と方向で示す極座標や，東西および南北の距離で示す直交座標など，2次元の座標で示すと便利な場合がある．さらに山に登るときなどは，標高の差があれば便利である．

以上をまとめると，以下のようになる．互いに関係をもつ場所を示す識別子の集合を地理空間という．場所は住所など，その場所を他と区別する情報によって識別され，場所どうしのつながりや距離によって関係をもつ．場所を示す情報には座標もある．水平位置を示すには，2次元の座標が使われ，標高も示すときには3次元の座標が使われる．いいかえれば，地理空間上の場所を参照するために

は，識別子による方法と座標による方法がある．前者は地理識別子による空間参照，後者は座標による空間参照と呼ばれることがある．なお座標は定量的な識別子ともいえる．

3.2.2 時間の概念

「江戸時代は幕府の開府に始まり，大政奉還によって終わる」という文章は，特別の事件があったことを示すとともに，別の事件との順序関係によって，実世界の物事（江戸時代）の存在を示している．あることが起きた後に別のことが起きることを継起というが，1つの物事の後には複数の物事が継起する場合も，その逆の場合もある．例えば，「ある人の行い (a) が他の人々を触発して数々のよい行い (b, c, d, …) が生まれた」のようにである．ここでは，互いに先と後の順序関係をもつ識別子の集まりを時間としよう．

実世界の現象は，瞬間的に起きる場合と，ある期間，持続する場合がある．持続は始まりの瞬間から終わりの瞬間までの長さをもつが，これは時間間隔と呼ばれる．また，任意の瞬間を原点として，そこからの長さで別の瞬間の位置を表現したとき，その位置は時点と呼ばれる．

以上述べてきたことをまとめると，以下のようになる．実世界に生起する，互いに順序関係をもつ識別子の集まりを時間という．互いに関係をもつものを示す識別子の集まりは空間であるとすでに述べていることからわかるように，時間はその要素が順序という関係をもつ特別な空間である．ちなみに互いの順序のみがわかる時間のことを順序時間という．実世界に起きる物事の時間位置は「大政奉還したとき」のような識別子で他と区別することができるが，さらに任意の原点からの距離で示す時点によって表現することもできる．前者は空間における地理識別子に対応し，後者は座標に対応する．ちなみに，間隔の長さがわかる時間を間隔時間という．日常使用している時間は間隔時間である（図3.1参照）．

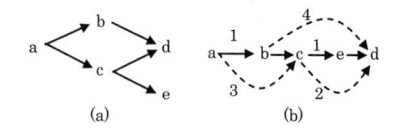

図3.1 順序時間 (a) と間隔時間 (b)
間隔の長さが与えられると，bとc，eとdの順序と間隔もわかるので，破線のエッジは不要になる．

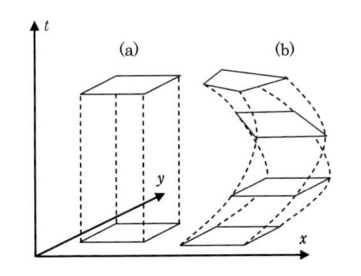

図 3.2 不動 (a) と変形を伴う移動 (b)

3.2.3 時空間の概念

地球上の存在は生起し消滅する．例えば建物は建設され，使用され，取り壊される．時間という空間中にその建物が存在することは，完成から取り壊しまでの期間で表現され，地球上に存在することは，多角形や多面体など，その建物の空間範囲を示すことによって示すことができる．時間上の位置だけではどこにあるかわからず，空間上の位置だけではいつあったのかわからない．したがって，実世界の存在は，空間と時間のなかで位置決めすることによって，はじめて他と識別できる．例えば建物Aの完成という事象は，Aの空間的な場所と完成の時点で位置決めをすることができ，具体的には（住所，年月日）や（平面直角座標，時間座標）などで表現される．時間上の位置と空間上の位置の組を要素とするこのような集合のことを時空間という．時空間上の位置は，時間上の時点を含むので，時空間上の2つの位置どうしに，順序関係を見つけることができるが，空間上の位置が異なる場合，この順序関係を移動と呼ぶ．また，形状が変化する場合は変形という．これに対し，空間上の位置や形状が変わらない場合は不動といわれる（図3.2参照）．

3.2.4 計測の尺度

場所を特定する行為をここでは計測という．そのための規則は尺度といわれ，尺度には4つのレベルがあるといわれている[1]．それは，名義，順序，間隔および比率である．

a．名義尺度

最も基本的な計測は，他の値との識別である．値は他との識別ができればよく，数とは限らない．例えば「建物Aが完成したとき（値）を，t_0とする」など

である．識別のための尺度は名義尺度（nominal scale）といわれる．識別とは同および不同の関係によって，値を区別することである．名義尺度で計測された値どうしは以下の性質をもつ．ここで同値であることを≈で示す．また，⇒は「ならば」と読み，∧は「かつ」と読む．

　反射律：$a \approx a$
　対称律：$a \approx b \Rightarrow b \approx a$
　推移律：$a \approx b \wedge b \approx c \Rightarrow a \approx c$

b．順序尺度

小と大，先と後のような，複数の値に順位をつけることができる名義尺度を順序尺度（ordinal scale）という．名義尺度で区別される複数の値があり，そのなかの2つの値の組に順序を与えることができれば，これらの値の集合は順序空間といわれ，特に先と後の関係をもつ場合は順序時間といわれる．任意に選択したどの値の対にも順序がある場合は，値どうしに全順序の関係があるといわれる．また，すべてでなくても順序関係をもつ値の対があることが確認されれば，値どうしに半順序の関係があるといわれる．全順序は特殊な半順序である．半順序尺度で計測された値どうしは以下の関係をもつ．ここで順序関係は≦で表現する．順序関係には同値も含まれるので，このような記号を使うことが多い．

　反射律：$a \leqq a$
　推移律：$a \leqq b \wedge b \leqq c \Rightarrow a \leqq c$
　反対称律：$a \leqq b \wedge b \leqq a \Rightarrow a \approx b$

さらに以下の性質をもつと，任意の値の対は全順序の関係をもつ．ここで∨は「または」と読む．

　完全律：任意にどの対をとっても，$a \leqq b \vee b \leqq a$ が成り立つ．

c．間隔尺度

順序関係をもつ値の対の間に距離（数）を示すことができる順序尺度を間隔尺度（interval scale）という．間隔尺度で計られた値の集合は距離空間といわれ，2つの値 a，b でできる距離 $d(a, b)$ は以下の性質をもつ．

　非負性：$d(a, b) \geqq 0$
　同一性：$d(a, b) = 0 \Leftrightarrow a = b$
　対象性：$d(a, b) = d(b, a)$
　三角不等式：$d(a, b) + d(b, c) \geqq d(a, c)$

d． 比率尺度

任意の要素について，絶対的な原点からの距離が与えられる間隔尺度を比率尺度（ratio scale）という．どの2つの要素をとっても原点からの距離を使って，距離の比を計算することができる．

3.2.5 時間・空間と尺度の関係

時間や地理空間における場所は，4つの尺度によって，異なった表現が使われる．例えば，住所は名義尺度によって与えられる場所であるし，地理空間上の座標は間隔尺度によって与えられる場所である．表3.1にそれぞれの尺度ごとに使われる場所の表現例を示す．

ところで，尺度の区分と定義はもともと，スティーブンス（Stevens）が提案したものである[1]．その定義は，以下のとおりであった．

名義尺度：同値性の判定（置換群 $x'=f(x)$，$f(x)$ は任意の1対1の置換を意味する）

順序尺度：大小の判定（等方群 $x'=f(x)$，$f(x)$ は任意の単調増加関数を意味する）

間隔尺度：間隔または違いの同値性の判定（一般線形群 $x'=ax+b$）

比率尺度：比率の同値性の判定（相似群 $x'=ax$）

これに対して，その後比率尺度に対しては，絶対尺度（確率や割合などの無次元数）や対数間隔尺度など，名義尺度についてはカテゴリーの区分に値が含まれる割合や区分からの隔たりを示す等級尺度（graded membership）といった拡張提案が行われている．本章では，計測は識別だけではなく関係の判定を含み，数の割りあては間隔尺度および比率尺度で行うとしているが，同一の名前をもつ4

表3.1 時間・空間上の場所の表現（例）

尺度	時　間	空　間
名義	建物Aが完成した「とき」，彼が結婚した「とき」	国名，住所，郵便番号，部屋番号，棚番号
順序	地質年代の区分，歴史的な時代区分	遠近，高低，大小，上下，左右
間隔	存続時間数や日数	ユークリッド距離，球面距離
比率	西暦元年1月1日を原点とする西暦年月日	地球の重心を原点とする準拠楕円体上の3次元座標の x，y，z 成分，平均海水面を原点とする標高，ただし絶対的な原点は不明

つの尺度を使って空間および時間の計測について説明した．確かに時間および地理空間上の位置の計測についても，より拡張された尺度を検討すべきかもしれないが，ここで示した4つの尺度が基礎になることは間違いないであろう．

3.3 地理空間データモデル

　地理空間データの記述は，対象となる存在がもつ性質（プロパティという）を，個々の物事に具体的に記録することで行われる．だれがやっても同じ記述にするためには，データの記述項目と記述法が決められているべきであり，ここでは，実世界の存在を記述するためのメタモデル，モデルおよびデータについて解説する．

3.3.1　メタモデル

　実世界の現象は2つの観点で捉えることができる．1つは概念，もう1つはその実例としての個物である．例えば「橋」は実世界に存在する具体的なものをひとくくりにした概念である．これに対して「佃大橋」は具体的なものであり，橋という概念でくくられる個物の実例である．

　ところで，概念や個物はどのように記述すべきか．この疑問に対して，例えばアリストテレスは文章の述語を分類することによって個物の性質の種類（カテゴリー）がわかるとし，

　　実体：個々のものが属している種または類，量：「いかほど」に応じるもの，質：「どのように」に応じるもの，関係：「に対してどうあるか」に応じるもの，場所：「どこ」に応じるもの，時間：「いつ」に応じるもの，状態：「どうおかれているか」に応じるもの，持前：「何を備えているか」に応じるもの，能動：「すること」に応じるもの，受動：「されること」に応じるもの

に分けている[2]．実体は個物をより一般化し，その本質を示す名詞として与えられる（例えば「鉄道は交通手段である」）．量，質，場所，時間，状態，持前についてはそのものを形容する言葉で表現される（例えば「このスポーツカーは小型で（量），赤い色をしており（質），高い性能をもつ（持前）」）．場所と時間は，そのものの空間および時間中の位置と範囲によって表現される．これらは個物がもつ固有の性質，つまり属性である．また能動および受動は，個物がもつ働きや

外界の刺激に対する作用を示す属性と考えられる.

　実世界の存在を記述するときは，上記のような，個物がもつ諸性質を示すとよい．例えば，ある条件を満足するためには橋のモデル（例えば「個々の橋の記述は，上位の概念（実体），住所（場所），存在期間（時間），荷重（量），色や材質（質），乗せている道路（関係）による」）を設定し，個々の橋についてデータとしてこれらの性質を記述する.

　概念の記述を行うには，上記のように自然言語を使うこともできるが，例えば荷重といってもそれをどのような単位で示すのか，数は実数なのか整数なのかなど，実際にデータを作成しようとすると，より詳細な取り決めが必要となる．また，モデルを記述する人が自分勝手な解釈で記述してしまうと，それをもとにデータを作成する人は誤解するかもしれない．そこで今日では，モデルを記述するための，明確に定義された人工的な言語を使うことが多い．このような言語はモデリング言語といわれる．言語は意思疎通を行うための記号の体系であり，必ずしも話し言葉である必要はない．例えば交通標識は道路の管理者が利用者に意思の疎通をはかる記号であるし，地図はその製作者が利用者に対象地域を説明する記号の集まりであるが，これらは図で記号表現するグラフィック言語といわれている．実世界のモデルの記述にもグラフィック言語を使うことが多い．代表例としては UML（Unified Modeling Language）[3] や，実体-関連モデル（Entity-Relationship Model）[4] がある．言語には文法があるが，グラフィック言語にも，記述規則がある．この規則はモデルを記述するための概念のモデル，つまりメタモデルといわれる．本章ではUMLを使ってメタモデルおよびモデルを表現する．

3.3.2　地理空間データのメタモデル

　地理空間上の現象は時間や空間上の場所を属性とする，実世界の存在であると考えられる．例えば愛や善といった概念は実世界のどこかにあるとわれわれは素朴に感じているが，地理空間上の場所を属性とするものではないので，地理空間データにはならないであろう．そこに，地理空間データ固有のメタモデルを考える背景があり，地理空間データのためのモデルであれば，どのような条件を満たすべきかを示す意義がある．今日，このようなメタモデルとしては，国際標準化機構（ISO）が規格化している ISO 19109 のなかに示されている，一般地物モデル（General Feature Model）がある[5]．これはわが国においても日本工業規格

(JIS X 7109) として規格化が検討されているし，国土地理院が実用的な標準としてその使用を推奨している地理情報標準プロファイル（JPGIS : Japan Profile for Geographic Information Standards）にも採用されている[6]．ここでは一般地物モデルの概要を解説する．より詳細については国土地理院の Web サイト[6]を読んでいただきたい．

　一般地物モデルでは，地理空間上の存在を地物と呼ぶ．地物の概念は地物型，その概念をもつ個物の記述は地物インスタンスと呼ばれる．地物型はモデルであり，地物インスタンスはデータである．地物型はより抽象度の高い地物型をそのものの本質を示す実体とし，その性質を継承したり，別の地物型と関連したりすることがある．性質（ここではプロパティという）はその種類（データ型）と値で示すが，値を直接もつときは属性といわれる．他の値を引数とする関数やアルゴリズムの戻り値でプロパティを示すときは操作といわれる．また他の地物型がプロパティとしての役割を果たすときは，その型と役割の名前でプロパティを示すこともある．以後，一般地物モデルの構成要素について解説する．

3.3.3　継　　承

　地物型はその実体となるより抽象度の高い地物型のプロパティを受け継ぐことがある．これを継承（inheritance）という．例えば，鉄道は交通機関なので，交通機関がもつプロパティ，例えば人や物を運ぶというプロパティを受け継ぐ．逆に，地物型はその実体となる地物型がもたない，より具体的なプロパティをもつ．例えば鉄道は「電車によって」人や物を運ぶというプロパティをもっている（図 3.3 参照）．

3.3.4　属　　性

　地物型がもつプロパティのなかで，その地物の場所，時間，量，質，状態，持前など，値として記述できる固有のプロパティを属性（attribute）という．特に

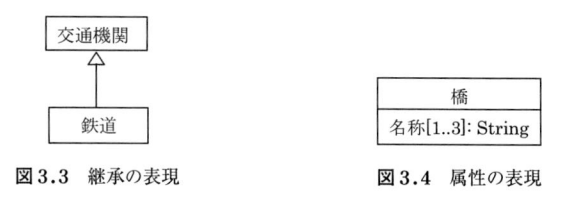

図 3.3　継承の表現

図 3.4　属性の表現

場所を示す属性は場所属性，空間上の位置と関係を示す属性は空間属性，時間を示す属性は時間属性という．それ以外の属性は，地物表現の趣旨に合致する属性という意味で，主題属性といわれる．属性は名称，その値がもつデータ型，多重度などで規定される．ここでデータ型とは文字列，真偽値（ブール値），整数，実数などの基本的な型や点，曲線，曲面といった複合的な型などのことであり，属性値の種類を示す．例えばデータ型が点であれば，その属性は空間属性である．多重度とは，属性値が同時にいくつ与えられるか，その下限と上限の数のことである．橋が正式名称のみならず通称名称をもつ場合，名称は文字列（string）をデータ型とし，例えば1個以上3個までの多重度をもつと規定すると，必ず1つ以上，最大3つまで名称をもてることになる（図3.4参照）．

a． 空間属性

空間属性は地球上の位置座標を使って表現する幾何属性と，幾何属性が弾性的な変形をしても保たれる性質の表現である位相属性に分かれる．幾何属性は点，曲線，曲面および立体を基本とするが，その集まりになることもある．点は地球上の位置座標をもつ．曲線は両端点，それらを結ぶ点の列，および点間の補間法を示すことによって記述する．最も単純な補間法は直線補間であり，そのとき，曲線は折れ線で表現される．曲面は閉じた曲線を境界とし，その内部として定義されるが，さらに内部の補間法を指定することによって，形状が表現される．最も単純な補間法は平面であり，そのとき曲面の境界になる閉じた点列は多角形になる．立体は閉じた曲面を境界とし，その内側として定義づけられる．境界で接することはあっても，互いに交わらない幾何属性の集まりは幾何複体と呼ばれる．最も単純な0次元幾何複体は点である．最も単純な1次元幾何複体は両端点と1本の曲線で作られる．また最も単純な2次元幾何複体は，境界となる閉曲線およびその曲線の始終点，および内部を表現する曲面で構成される．幾何複体が幾何属性になることもある．例えば，地形を表現する不規則三角形網（TIN）は複数の隣接する三角形の集まりであり，これが地物（例えば家屋）の幾何属性になることがある．図3.5では，複数の三角形で作られる幾何複体が家屋の屋根の形状を表現している．

位相属性はノード，エッジ，フェイスおよび位相ソリッドを基本とするが，その複合体としての位相複体が属性になることもある．ノードは点に対応し，曲線の端点となり，複数の曲線の交点となるので，その点に出入りするエッジの組で

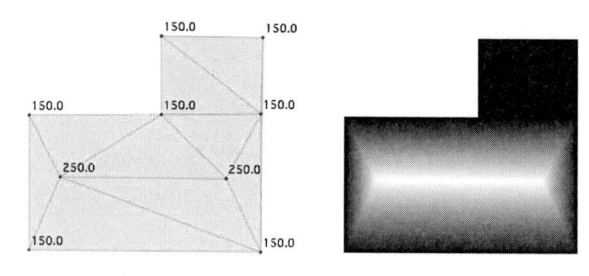

図3.5 TINによる建物の形状表現例

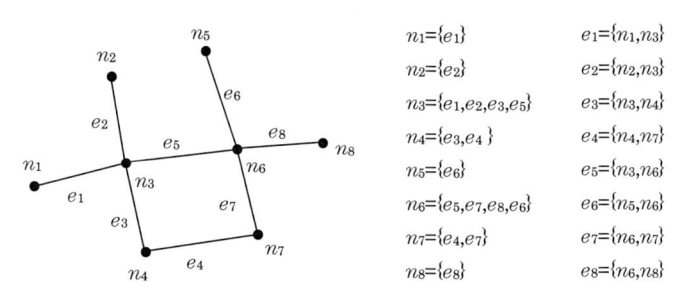

$n_1=\{e_1\}$ $e_1=\{n_1,n_3\}$
$n_2=\{e_2\}$ $e_2=\{n_2,n_3\}$
$n_3=\{e_1,e_2,e_3,e_5\}$ $e_3=\{n_3,n_4\}$
$n_4=\{e_3,e_4\}$ $e_4=\{n_4,n_7\}$
$n_5=\{e_6\}$ $e_5=\{n_3,n_6\}$
$n_6=\{e_5,e_7,e_8,e_6\}$ $e_6=\{n_5,n_6\}$
$n_7=\{e_4,e_7\}$ $e_7=\{n_6,n_7\}$
$n_8=\{e_8\}$ $e_8=\{n_6,n_8\}$

図3.6 位相複体としての道路ネットワーク

定義される．エッジは2つのノードの対であり，2つの点を結ぶという曲線の位相を示す．またエッジはフェイスの境界になりうるので，右側および/または左側にフェイスがあることがある．フェイスは曲面の位相を表現し，境界となるエッジの列で示される．またフェイスは位相ソリッドの境界になりうるので，フェイスの上下にソリッドがあることがある．位相ソリッドは1つ以上の隣り合うフェイスの集まりによって区切られる．

互いに接続関係をもつ位相属性の集まりは位相複体と呼ばれる．例えば道路ネットワークはノードの集合と，ノードどうしの接続関係を示すエッジの集合で表現されるグラフになる（図3.6）．ここで留意すべきことは，図中左の絵がグラフなのではなく，右側のノードおよびエッジの関係記述がグラフだということである．絵を描くためには位置が必要であるが，グラフには幾何的な位置は含まれない．

幾何属性は，形状と同時に境界関係で定義される．例えば曲線の両端点は境界であり，点列は形状を現す．つまり「幾何属性＝形状＋境界」である．地理情報標準ではこの形状のことを座標幾何(coordinate geometry)と呼ぶ．幾何属性と境

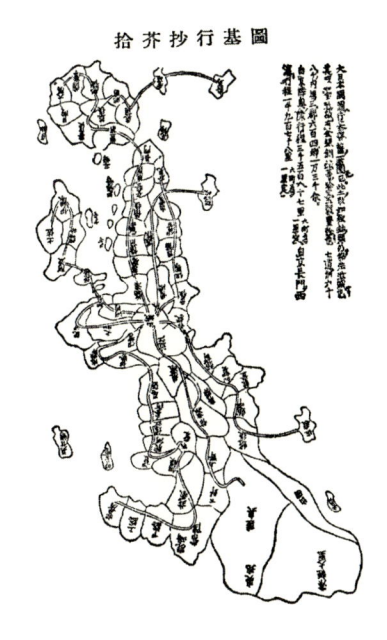

図3.7 『拾芥抄』行基図（14世紀）

界との関係は位相的な関係であり，したがって幾何属性は位相を含むといえる．

古来，地図は幾何的な曖昧さがあっても，道に迷わないように，また隣の土地との隣接関係を明確に把握できるように，位相的な曖昧さはできるだけ排除してきた．例えば図3.7に示す日本全図は，洞院公賢の撰によるとされる『拾芥抄』に収められている地図で，天平時代の僧行基が作成したと伝えられている[7]．この地図では国どうしの隣接関係や街道がどの国を通過しているかがわかるようにできている．幾何的な位置が重要視されるようになったのは，測量技術が発達する近世になってからであるが，意味的な接続関係は幾何属性では表現できないこと，測定には必ず誤差があること，空間解析の速度向上に役立つことから位相属性は重要な属性である．

b．時間属性

さて，3.2.2項で示したように時間は特殊な空間なので，時間属性も幾何および位相に分けられる．ただし時間は1次元の空間なので，幾何属性は瞬間と期間のみである．期間はその始点および終点が瞬間になる．位相属性も時間ノードと時間エッジのみを基本的な要素とし，その複体は非巡回な有向グラフになる．なぜならば，時間エッジは常に時間が進む方向を示す有向エッジになり，また時間

は逆方向には流れないとされるので，エッジを結ぶ閉路は巡回しないからである．なお，時間エッジは，現象の持続を示すが，これは現象の継起（ある現象が起きた後に，次の現象が起きること）の表現にもなる．

c．時空間属性

古来，地図は地上に存在するものをある瞬間で捉えた，地理空間の時間断面であると考えられてきたが，近年になってわれわれは時空間のなかにいることを強く意識するようになった．今後は映像やアニメーションなどによる地物の時空間表現が増加するのではないかと考えられる．地物の移動や変形は瞬間を伴う幾何属性の列で表現することができ，時空間属性といわれる（図3.2(b)参照）．

3.3.5 操　　作

地物の属性は直接値をもつとは限らない．例えば，行政区域の属性として人口密度が考えられるが，これは別の2つの属性，つまり人口と面積から計算によって求められる．このように，ある手順を与え，それに基づいて値が得られる場合，その属性を操作（operation）という．操作はその名前，得られる値のデータ型，および計算に必要なパラメータの名前とデータ型，および操作の手順によって示される．例えば人口密度は実数で示され，整数で示す人口と実数で示す面積を与え，人口÷面積という手順で求められる．

3.3.6 関　　連

地物は他の地物と関連（association）する．例えば学校は校舎や校庭などの施設を含むが，これは学校と施設の間に関連があることを示す．また，土地とその土地に建っている建物群は立地という意味で関連する．さらに，道路と沿道にある建物はアクセスという意味で関連する．第1の関連は，学校がなくなると，校舎や校庭は，もはやそのようには呼べなくなるので，強い関連（合成という）をもつといわれる．第2の関連では，建物群は土地に付属すると考えてもいいが，土地が分筆されて，もはや古い土地がなくなったとしても建物はそのまま建物である．これは弱い関連（集成という）をもつといわれる．また道路と沿道にある建物は第1，2の関連のような，全体と部分の関連ではなく，対等の関連なので，単純に関連と呼ばれる．ただし，合成，集成，関連のいずれになるかは，モデル化の目的による（図3.8参照）．アリストテレスのカテゴリーのなかにも「関係」

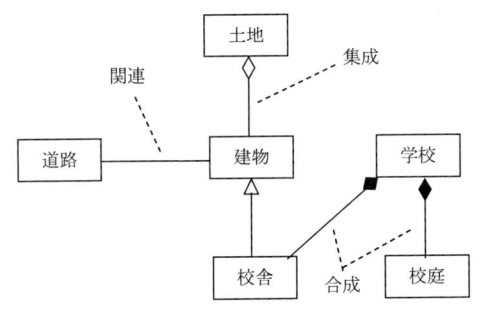

図3.8 関連の表現

があるが，関連は地物のもつプロパティと考えることができる．これは相手の地物型をプロパティとして保持することによって表現できる．また，相手の地物型がなんらかの役割をもつ場合は，その役割の名称も保持する．例えば，校舎は建物という地物型に与えられた役割と考えることができる．したがって，学校は校舎という役割をもつ建物と関連すると考えてもよい．

3.4 地理空間データのモデル

一般地物モデルは，地物インスタンスを記述するモデルを作成するために考えられた地物型とその関係を記述する規則を示すモデル，つまりメタモデルであった．地物インスタンスの集まり，つまり地理空間データを記述するモデルはこのメタモデルに従って作成するとよい．ただし，モデルは必ずある目的をもって作成され，関係者が関心をもつ実世界の側面を切り取って言語表現することになる．この関心をもつ実世界の側面のことを論議領域（universe of discourse）という．また，メタモデルに従って作られるモデルは概念スキーマといわれる．さらに論議領域を設定して，応用分野を明確にした概念スキーマを応用スキーマという．つまり地理空間データのモデルは応用スキーマになる．

ここで，論議領域を「大学キャンパスの管理を目的とする施設（建物，道路および緑地）データ」としたときの応用スキーマを検討してみよう．以下「　」で囲まれた言葉は一般地物モデルに含まれる言葉である．まず，この応用スキーマに現れる「地物型」は建物，道路および緑地であり，これらはすべて施設を「継承」する．建物は棟を識別する名称，防災上求められる構造（耐火造，準耐火

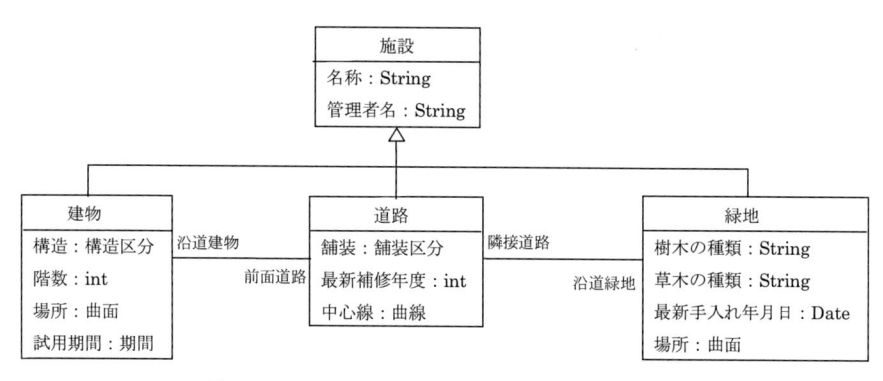

```
                    ┌─────────────────┐
                    │      施設        │
                    │ 名称 : String    │
                    │ 管理者名 : String │
                    └─────────────────┘
                            △
            ┌───────────────┼───────────────┐
┌──────────────────┐ ┌──────────────────┐ ┌──────────────────┐
│      建物         │ │      道路         │ │      緑地         │
│ 構造 : 構造区分   │ │ 舗装 : 舗装区分   │ │ 樹木の種類 : String │
│ 階数 : int        │ │ 最新補修年度 : int│ │ 草木の種類 : String │
│ 場所 : 曲面       │ │ 中心線 : 曲線     │ │ 最新手入れ年月日 : Date │
│ 試用期間 : 期間   │ │                   │ │ 場所 : 曲面       │
└──────────────────┘ └──────────────────┘ └──────────────────┘
      沿道建物              隣接道路             沿道緑地
      前面道路
```

図 3.9 大学キャンパスの施設管理用応用スキーマの概要

造, 防火造, 木造), 階数および管理者名を「主題属性」, 内部がポリゴンになる曲面を「空間属性」, また, 開始と終了の瞬間で表現される期間をデータ型とする使用期間を「時間属性」としよう. 道路はその名称, 舗装区分 (コンクリート, アスファルト, 土), 最新補修年度および管理者名を「主題属性」, 形状を示す折れ線をもつ曲線を「空間属性」としよう. なお, 道路については最新補修年度が重要であり, いつ設置されたかは論議領域に照らして重要ではないので省く. 緑地はその名称, 樹木の種類, 草花の種類, 最新の手入れ年月日および管理者名を「主題属性」とし, 範囲を示すポリゴンをもつ曲面を「空間属性」とする. 「時間属性」は道路と同様に省くことができる. ところで, 建物, 道路, 緑地はすべて名称と管理者名を属性としている. これらは施設であればどのようなものであってももつ属性と考えられる. つまり, これらの属性は施設がもつ属性を「継承」したと考えることができる. さて, 建物と道路, 道路と緑地は互いに隣接するので,「関連」があるといえる. 以上の内容を応用スキーマとして表現すると図 3.9 のようになる. 応用スキーマは地理空間データを作成する上で必須のものであり, データ製品仕様書の一部となる. データ製品仕様書の代表例としては, 国土地理院が公開している「地図情報レベル 2500 データ作成の製品仕様書 (案)」などがある[8].

3.5 地理空間データ

地理空間データとは, 応用スキーマに従って作られる地物インスタンスの集ま

りである．地物インスタンスを記述するためのモデルはインスタンスモデルと呼ばれる．また，地理空間データはコンピュータ可読であることが求められるので，インスタンスを記述する言語（日本語，英語など），文字セット（Shift-JIS，UTF-8，ASCIIなど）を指定する．また，どの応用スキーマに従い，どのインスタンスモデルに従うかを宣言する．このような，地理空間データを実際に記述するために必要となる条件の集まりを符号化規則という．

　さて，一般的にインスタンスモデルは，データ集合，オブジェクト，プロパティからなる．データ集合はオブジェクトの集まりである．オブジェクトはインスタンスのことであり，プロパティと集成の関係をもつ．プロパティはインスタンスが独自にもつものもあるが，上位の地物型から継承してきたものもある．プロパティは名称と値をもち，値は，

・属性を示す文字列や実数など基本的なデータ型
・構造化された値

表3.2　建物オブジェクトのXMLデータ（例）

〈建物　id＝"#001"〉	建物オブジェクトの開始
〈施設.名称〉本館〈/施設.名称〉	施設から継承した属性「名称」
〈施設.管理者名〉施設管理部〈/施設.管理者名〉	施設から継承した属性「管理者名」
〈構造〉耐火造〈/構造〉	属性値はコードリストから選択
〈階数〉12〈/階数〉	階数は12階
〈場所〉曲面.#101〈/場所〉	属性値は曲面の識別子#101を参照
〈使用期間〉期間.#034〈/使用期間〉	属性値は期間の識別子#034を参照
〈前面道路〉道路.#038〈/前面道路〉	対象オブジェクトは道路の#038
〈/建物〉	ここまでが建物オブジェクト
〈中略〉	
〈期間 id＝"#034"〉	期間オブジェクトの開始
〈begin〉1973-10-01〈/begin〉	開始の日付は1973年10月1日
〈end〉now〈/end〉	nowは現存を意味する．
〈/期間〉	ここまでが期間オブジェクト
〈中略〉	
〈曲面 id＝"#101"〉	曲面オブジェクトの開始
〈補間法〉直線〈/補間法〉	直線補間を指定
〈点列〉	点列の開始
(100.3, 345.2), (200.3, 345.2),	開始と終了が一致する四角形で，建物
(200.3, 545.0), (100.3, 545.0),	の形状が示されている．
(100.3, 345.2)	
〈/点列〉	ここまでが点列
〈/曲線〉	ここまでが曲線

・値の集まり
・関連の相手を示す他のオブジェクトまたはその識別子
のいずれかである．

このインスタンスモデルを使って，大学キャンパス内の建物（本館）を例にとり，オブジェクトを書いてみよう（表3.2参照）．記法は一応XMLに従うが，XMLの詳細については例えばエリック[10]を参照してほしい．〈 〉に囲まれた言葉はタグといい，はじめにあるタグは開始タグ，後のタグは終了タグという．この2つのタグのなかにデータがある．なお，JPGISなどの標準に従うデータはより複雑かつ厳密な表現をとるが，ここではオブジェクトの記述イメージを理解してほしい．

3.6 オブジェクトとフィールド

地物のインスタンスはオブジェクトということがあることはすでに述べた．地物は実世界に生起消滅する現象を論議領域に応じて抽象化したモデルである．ところで，例えばある地域を撮影した空中写真や等高線図など，ある広がりをもった地域の表現をフィールド（または被覆）ということがある[9]．フィールドはある特性の空間分布を示し，その範囲のなかの位置を指定するとその位置における特性が得られる．例えば等高線図であれば，任意の位置の標高が内挿法で計算でき，画像であれば任意の位置の色や濃淡がわかる．つまりフィールドは，特性値を得る，場所の関数として定義される．したがってフィールドは，これまで述べてきたオブジェクトとは異なる概念のように考える向きがあるかもしれない．事実GISの歴史のなかでは異なるものとして扱われてきた．しかし，例えばTINで表現した曲面は，建物の形状にもなるし，広い地域の地形にもなる．このようなことから，今日ではフィールドも実世界の現象のモデルである限り，地物であるという考えが浸透しつつある[6]．

[太田守重]

引用文献

1) Chrisman, N. R. (1998): Rethinking levels of measurement for cartography. *Cartography and Geographic Information Systems*, **25** : 231-242.
2) 今道友信（2004）：アリストテレス（講談社学術文庫），pp. 114-123，講談社．

3) Fowler, M. and Scott, K. (1997) : *UML Distilled : Applying the Standard Object Modeling Language*, Addison Wesley.
4) 真野　正 (2007)：ER モデリング vs. UML モデリングデータベース概念設計, SRC.
5) ISO (2005) : ISO 19109 Geographic Information-Rules for Application Schema. pp. 10-16, ISO.
6) 国土地理院 (2005)：地理情報標準プロファイル (JPGIS) 解説書 Ver. 1.0. (http://www.gsi.go.jp/GIS/jpgis/jpgidx.html)
7) 藤田元春 (1942)：改訂増補日本地理学史, pp. 48-49, 刀江書院.
8) 国土地理院 (2005)：地図情報レベル 2500 データ作成の製品仕様書(案). 国土地理院技術資料 A・1—No. 295-1. (http://psgsv.gsi.go.jp/koukyou/download/detasakusei/2500index.html)
9) Worboys, M. and Duckham, M. (2004) : *GIS A computing Perspective* (2 nd ed.), pp. 137-157, CRC Press.
10) エリック T. R. 著, 宮下　尚ほか訳 (2004)：入門 XML, オライリー・ジャパン.

4 地理空間データの位置表現

　われわれが地球上の位置を参照する表現方法にはさまざまなものがある．地名あるいは住所を用いて表現するのは日常生活で最も一般的な方法であろう．GPSが普及してきた現在では緯度・経度で表現することもあるだろう．どのような表現方法を用いるにせよ，地理空間データを扱う上で大事なことはその表現によって場所が一意に参照されることである．あたり前のことではあるが，ある位置表現が2つ以上の場所を指すことはままあることである．例えば，市町村名で「池田町」と名のつくところは日本のなかに4箇所あり（2013年5月現在），単に「池田町○○ n 番地」と表現した場合には場所を一意に参照することはできない．場所を一意に参照するためには，市町村名の上の階層である都道府県名をつけるという約束事を守らなければならない．では，緯度・経度で表せば，場所を一意に参照できるかというと実はそうではない．例えば，伊能忠敬の地図では経度0°は京都におかれている．かつてヨーロッパにおいてはグリニジ天文台とパリ天文台のどちらを経度0°の地点とするかで英仏両国が競い合ったこともある．また，地球の大きさをどのくらいと仮定するかによっても緯度・経度の数値は変わってくる．実は，緯度・経度も住所と同じように人間の作った約束事に基づいて決定されるものである．

　したがって地理空間データを取得，蓄積，検索，分析，伝達するには，地理空間データの位置表現がどのような約束事に基づいているのかを明らかにする必要がある．この約束事の体系は空間参照系（spatial reference system）と呼ばれ，2種類に大別される．

　1つは地名や住所のような名称あるいは郵便番号や電話番号のようなコードを用いて場所を参照するものである．この場合，名称やコードを地理識別子（geographic identifier) といい，参照の方法を地理識別子による空間参照（spatial referencing by geographic identifiers）という．空間の位置を直接指し示す座標値を明示的に含まないことから，間接参照（indirect referencing）ということもある．この方法は日本工業規格（JIS）のJIS X 7112として標準化されている．

もう1つの方法は緯度・経度のように地球上の位置を座標値を用いて参照するもので，座標による空間参照（spatial referencing by coordinates）という．座標値により場所を直接指し示すことから，直接参照（direct referencing）ということもある．この方法はJIS X 7111として標準化されている．

本章においては，これら2つの空間参照の方法に加え，座標による空間参照を扱う際に必要となる座標演算についても説明する．

4.1 地理識別子による空間参照（間接参照）

場所を特定できるものであれば，体系的に整備することにより地理識別子となりうる．例えば交差点の名称は体系的に整備されていれば地理識別子となる．また，市販の地図によくみられるように地図を縦横に分割してそれぞれに縦にアルファベットを，横に数字を割り振って，例えば「3頁の地図のB-2」のように示すことも地理識別子による空間参照である．しかしながら，地理空間データの解析を時系列的に行うこと，あるいは他者と地理空間データを共有することを考えると，地理識別子はその管理に責任をもつ主体が明確で，継続性，公開性があり，だれもが利用できるものを選ぶことが望ましい．

4.1.1 住　　所

空間参照を行う際に地理識別子として用いられるものには，地名，住所，郵便番号，電話番号などがある．自然地名を用いる場合，例えば，「富士山」だけでは，どこまでを富士山とするかに曖昧さを含むため地理空間データの位置表現として使い勝手のよいものとはいえない．これに対し，住所であればある程度の小さな領域まで場所を特定できる．現在，わが国においては住所の表し方には住居表示と地番による表示の2種類がある．

a. 住居表示

住居表示については，各市町村が「住居表示に関する法律」に基づき市街地の

住所や建物等施設の所在する場所を表示する方法を決定する．この制度は，建物が多く土地の所有関係も複雑となった市街地のなかで住所の表示をわかりやすくするために，1962年に導入された．住居表示の方式には街区方式と道路方式の2つがあるが，わが国ではほとんどの市区町村で街区方式を採用している．街区方式では，住所は都道府県名＋市区町村名＋町名（または字名）＋街区符号＋住居番号により表される．例えば，「東京都千代田区霞が関二丁目1番3号」という住居表示の場合，「霞が関二丁目」が町名，「1番」が街区符号，「3号」が住居番号となる．一方，道路方式では，住所は都道府県名＋市区町村名＋道路名称＋住居番号により表される．欧米では道路方式が一般的といわれているが，わが国ではほとんどその実例をみない（山形県東根市の一部で採用されている）．なお，住居番号は建物に付されるものであるが，その番号は街区の周囲（または道路）に沿ってほぼ10mごとに連続番号を割り振って，住居の出入り口に最も近い番号を住居番号にするというルールを採用している場合が多い．隣り合った建物がたまたま同一の住居番号になることもあるので，住居表示により建物が一意に定まるとは限らない．

b．地番

地番は，不動産登記法に基づき土地の表示と権利関係を明らかにするために登記所が一筆の土地ごとに付しているものであり，1899年に制定された（旧）不動産登記法に基づき定められた土地の番号である．○○県△△市××n番地と表示された場合の「n番地」が地番であり，住居表示に関する法律が制定されるまではこれが住所として用いられていた．市街地において住居表示が決定されたところは住居表示が住所として地番に取って代わっているが，住居表示が決定されていない場所では，現在でも地番が住所として使われている．なお，住居表示が決定されたところでも地番がなくなったわけではなく，不動産登記や土地の権利関係を記載する場合は住居表示ではなく地番を用いる．

住所を地理識別子として安心して利用できるのは，住居表示については各市町村が決定・管理しており，地番については国の機関である登記所が決定・管理しているからである．また，行政区名については，JIS X 0401およびJIS X 0402により，それぞれ都道府県コードおよび市区町村コードが標準化されている．なお，町または字の新設や改廃を行うには，地方自治法の定めにより，市町村議会の議決が必要とされている．

4.1.2 地域メッシュコード

　地域メッシュコード（mesh grid code）は，国土を一定の緯度間隔，経度間隔でメッシュ（網目）状に切り分けたものである．もともとは国勢調査などの大規模な統計調査の結果を小地域ごとに時系列で比較するために 1973 年に行政管理庁（現総務省）告示として導入された．1987 年に JIS X 0410 として規定されている．その後，2002 年 4 月に日本の緯度・経度の基準が日本測地系から世界測地系に切り替わることになったため（4.2.1 項 c を参照），同年，JIS X 0410 にも改正が加えられた．日本測地系の緯度・経度と世界測地系の緯度・経度は東西方向，南北方向とも相互に 300 m 程度ずれているため，緯度・経度に基づく地域メッシュコードはどちらの測地系を採用するかによって異なる場所を参照することになる（しかも単純な平行移動ではない）．地域メッシュコードは統計だけでなく，さまざまな地理空間データの空間参照に利用されており，これが世界測地系に基づくものだけに切り替わってしまうと過去のデータの利用に支障をきたすことになる．このため，2012 年 2 月までを有効期間として，日本測地系に基づくメッシュも使用できるように改正が加えられた．改正された JIS X 0410 では，日本測地系に基づく場合はその名称を「地域メッシュコード N」（末尾に N を付す）と規定し，世界測地系に基づく「地域メッシュコード」と区別している．

　地域メッシュコードにおいては基準地域メッシュという約 1×1 km の大きさの地域を空間参照の基準とする．基準地域メッシュの区切り方は次のようになる．

　まず，緯度を 40′ 間隔，経度を 1° 間隔に区分した区画を第 1 次地域区画（約 80×80 km）とし，これを東西，南北それぞれに 8 等分した区画（緯度 5′ 間隔，経度 7.5′ 間隔）を第 2 次地域区画（約 10×10 km）とする．さらにこれを東西，南北それぞれに 10 等分した区画（緯度 30″ 間隔，経度 45″ 間隔）を第 3 次地域区画（約 1×1 km）とし，これが基準地域メッシュとなる．さらに小さな地域を参照するには分割地域メッシュを用いる．基準地域メッシュの各辺を 2 分の 1，4 分の 1 または 8 分の 1 に等分した区画であり，それぞれ 2 分の 1 地域メッシュ，4 分の 1 地域メッシュ，8 分の 1 地域メッシュと呼ぶ．

　メッシュにはルールに従って番号すなわちメッシュコードを振る（図 4.1）．基準地域メッシュであれば 8 桁のコードで，8 分の 1 地域メッシュ（約 125×125 m）であれば 11 桁のコードで空間参照が可能になる．

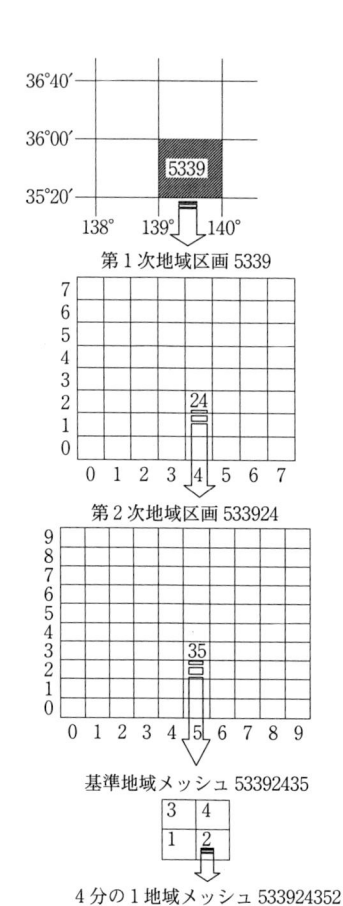

図 4.1　地域メッシュコード
第1次地域区画のメッシュコードは4桁で指定し，区画の南端の緯度を1.5倍した値を上位2桁とし，西端の経度から100を引いた値を下位2桁とする．第2次地域区画は2桁で，上の桁には南北に8等分した区画に南から北へ順に0〜7の番号を，下の桁には東西に8等分した区画に西から東へ順に0〜7の番号を割り振る．第3次地域区画も2桁で指定するが，南北，東西に10等分し，それぞれに0〜9の番号を割り振る．分割地域メッシュを指定する場合，2分の1地域メッシュであれば，東西，南北にそれぞれ2分割してできる4つの区画に南西，南東，北西，北東の順に1〜4の番号を振り，基準地域メッシュのメッシュコードの末尾に追加する．4分の1地域メッシュ，8分の1地域メッシュについても同様に1〜4の値を末尾に順次追加する．

4.1.3　郵便番号，電話番号

わが国で用いられている7桁の郵便番号は，市町村内の町名あるいは字名に相当する地域を参照することができるが，同じ7桁の番号で特定の事業所を参照していることもある．2012年10月以降，日本郵便株式会社が郵便番号を管理している．また，電話番号は市外局番であれば行政区域（単数あるいは複数の市町村）程度の広がりで地域を参照することができる．市外局番は総務省が管理している．

4.1.4 ジオコーディング

地理識別子による空間参照は，人間にとってはわかりやすいものであっても（もちろん，その地理識別子の参照する場所が現実世界のどこかを知っているという前提に立つが），GISにより空間分析を行うのには使えない．地理識別子の参照する場所を現実世界に結びつけるには定義の明確な座標系に準拠した座標値が必要となる．地理識別子を座標値に対応させて現実世界に結びつけることをジオコーディング（geocoding）という．特に住所を座標値に対応させることをアドレスマッチング（アドマッチ）またはアドレスジオコーディングという．

地域メッシュコードのように緯度・経度から一定のルールにより決定されている地理識別子の場合は計算によりジオコーディングが可能である．住居表示の場合，特にわが国で用いられている街区方式の場合はルールはかなり"人間的"であり，機械的な計算は困難である．また，参照される場所が広がりをもつものであれば，その地理的範囲を座標値を用いて明示する必要がある．このような場合に地理識別子と座標値（または座標値の集合）との対応関係を示す表を用いてジオコーディングを行うことになる．このような表を地名辞典（gazetteer）という．都市計画区域については，国土交通省が街区レベルでジオコーディング可能な情報を提供している．

地名辞典には，地理識別子と座標値の対応を記載するだけではなく，種類の異なる地理識別子どうしの関連を記載することもある．住所と郵便番号との対応を記載した郵便番号一覧表も地名辞典の一種といえる．

わが国においてアドレスマッチングが困難な理由の1つには，日本語表記の曖昧さがある．例えば，「霞が関二丁目1番3号」は「霞ヶ関」と表記されることもあり，「2丁目」と表記されることもあり，「2－1－3」と表記されることもあり，また数字は半角文字であったり全角文字であったりする．人間であれば同一と判断できるこれら表記の変種も機械に判断させるためには同義語辞典を用意するなどの工夫が必要となる．

4.2 座標による空間参照（直接参照）

地理空間データの解析を行うにあたっては，さまざまな情報源からのデータを地図上で重ね合わせたり統合したりすることが必要となってくる．座標値が異な

る基準に基づいて記載されている場合は，それらを統一した基準のものとなるよう演算（座標換算，座標変換）を行う必要がある．

地球上の位置を座標値で表す場合，その座標値がどのような座標系で決定されたものなのか，そしてその座標系が地球に対してどのような位置関係にあるのかを定義しなければ，その座標値を現実世界の位置に結びつけることはできない．本節では，わが国で用いられることの多い，地理座標系（緯度・経度），標高，3次元直交座標系，UTM座標系，平面直角座標系（19座標系または公共座標系ともいう）について取り上げる．

4.2.1 地理座標系による位置の表現

地球上の位置を緯度・経度を用いて表す座標系を地理座標系（geographic coordinate system）または測地座標系（geodetic coordinate system）という．

1884年にアメリカ・ワシントンで開かれた万国子午線会議において，経度と時刻に関する国際約束が成立した．この会議においてはじめてグリニジ天文台の位置が本初子午線，つまり経度0°であり，世界時（いわゆるグリニジ標準時）のはじまる子午線であることが国際的に合意された．一方，地球の自転軸にはふらつきがあるため，いつの時点の自転軸を基準にするかを決めないと，緯度は時間とともに変わってしまう．現在は，1900年から1905年までの自転軸の北極における平均の位置を地理上の北極点としている．緯度・経度の基準というのは，人間社会の約束事なのである．さらに，経線，緯線を地球上に引くとき，地球の形状が複雑なため，地球を単純な形状にモデル化した立体の上で引くことになるが，このモデル化をどうするのかも，やはり約束事となる．異なる約束事に則り決定された緯度・経度は，同じ地点を指すものであっても異なった値を示すことになる．緯度・経度を決定するための約束事を測地系（または測地原子）という．

a. 地球のモデル化：地球楕円体

地球の表面は山や海溝などの地形による凸凹があるが，滑らかな曲面にみえる海水面にも凸凹がある．陸地において仮に水路を掘って海水を導入して海水面の延長を作ると，この仮想的な面にもまた凸凹がある．このようにして考えた地球全体を覆う仮想的な海水面をジオイド（geoid）と呼び，これを地球の形と考える．ジオイドはおおむね扁平な回転楕円体をしているので地球を扁平な回転楕円体でモデル化する．扁平な回転楕円体とは，楕円形をその短軸のまわりに回転さ

せてできる立体であり，その長半径 a で赤道半径つまり地球の大きさを代表し，扁平率 f で楕円の「ひしゃげ方」つまり形状を代表する．楕円体の短半径を b とすると $f=(a-b)/a$ となる．地球の扁平率はおよそ300分の1である．地球の長半径およそ6,400 km に対して短半径はわずか20 km ほど短いだけであるが，この扁平率のために緯度1″あたりの距離は緯度によって大きく変わる．例えば緯度34°では緯度1″は30.81 m，40°では30.84 m となり0.1% の違いがある．

　モデル化した回転楕円体を特に地球楕円体（earth ellipsoid）と呼ぶ．地球楕円体には歴史的に多くのモデルが提案されており，20世紀末までは国によって採用する地球楕円体が異なっているという状況があった．わが国が2002年3月末まで採用していた地球楕円体はドイツの数学者ベッセル（Bessel）が1841年に提案したベッセル楕円体である．国際測地学・地球物理学連合において国際的に合意された地球楕円体である GRS 80 楕円体（Geodetic Reference System 1980 ellipsoid）を，20世紀末以降，多くの国が採用するようになってきており，わが国も2002年4月以降はこれを採用している（図4.2）．なお，アメリカ国防総省が GPS の運行管理に用いている WGS 84 楕円体（World Geodetic System 1984 ellipsoid）は，元来 GRS 80 楕円体と同一のものであるが，計算過程での有効数字のとり方の違いのため，扁平率がわずかに異なる（表4.1）．これによる短半

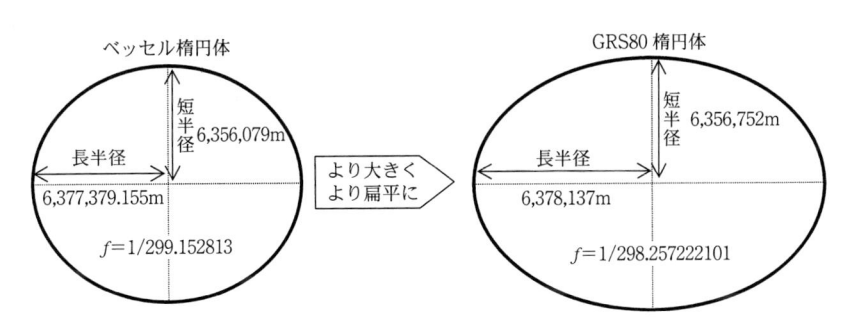

図4.2　ベッセル楕円体と GRS 80 楕円体

表4.1　地球楕円体の比較

地球楕円体の名称	長半径 a	扁平率 f
ベッセル楕円体	6,377,397.155	1/299.152 813
GRS 80 楕円体	6,378,137	1/298.257 222 101
WGS 84 楕円体	6,378,137	1/298.257 223 563

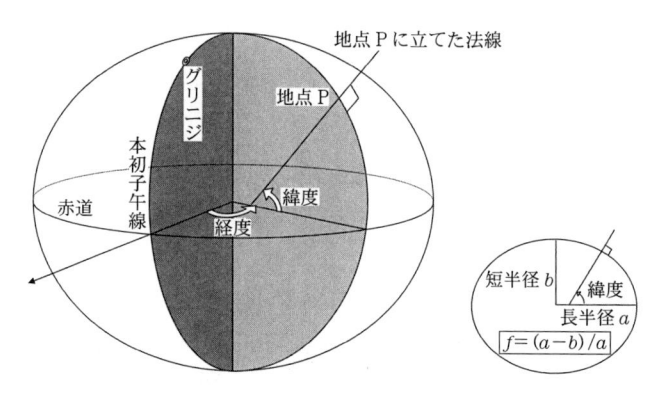

図 4.3 地理座標系（緯度経度）の定義
緯度は楕円体の中心でみる角度ではないことに注意．

径の差は 0.1 mm なので，両者は同一とみて構わない．

地球楕円体上での緯度は，位置を測ろうとする楕円体上の地点にたてた法線が赤道面となす角度として定義される（図 4.3）．経度はグリニジの地点を含む子午線を本初子午線（prime meridian）にして，位置を測ろうとする地点を含む子午線までの角度として定義される．

b．測地系

緯度・経度を地球に関連づけるためには地球楕円体を定めるだけでは不足である．地球楕円体が現実の地球に対してどのような位置関係にあるかを定めなければ，地球楕円体上の緯度・経度は現実の地球の緯度・経度に対応しない．現実の地球との位置関係が定義された，測量の基準となる地球楕円体を特に準拠楕円体（reference ellipsoid）という．

地球楕円体と現実の地球の位置関係を定義するには，地球上の特定の地点の緯度・経度を天文観測によって定め，この地点に同緯度，同経度の地球楕円体上の点が接するように一致させる．さらに，この地点における北の方向を天文観測で決定して地球楕円体の短軸が地球の自転軸と平行になるようにする．これで地球楕円体の位置は一意に定まる．このように，地球楕円体の大きさと形状，地球楕円体と現実の地球との位置関係を定義したものが測地系（測地原子；geodetic datum）であるが，これは古典的な測地系の定め方である．

現代においては，人工衛星や電波天体を世界中に分布する多数の観測地点で観測することにより，地球の重心の位置や自転軸の方向，世界時 UT（Universal

Time, いわゆるグリニジ標準時 GMT（Greenwich Mean Time）だが，世界時というのが正しい）の起点となる方向（いわゆるグリニジ子午線の方向）を正確に決定することができる．これらは全世界のどの国でも共通に使用できる原点と座標軸といえよう．現代においては，地球楕円体と現実の地球の位置関係は，地球楕円体の中心と地球の重心を一致させ，楕円体の短軸と地球の自転軸を（方向だけではなく軸そのものを）一致させ，経度 0° を世界時の起点の方向に一致させることで定められる．これが現代的な測地系の定め方である．地球の重心を基準にとることから，地球重心系（geocentric system）あるいは地心系といい，世界測地系ともいう．ただし，地球の重心やそれぞれの軸の方向の決定には観測誤差もあれば，いつの時点のもの（軸の方向は時間的に変化する）を採用するかという任意性があり，この決め方が異なれば測地系は異なる．つまり，世界測地系にもいくつか種類がある．GPS の運行管理に用いられている WGS 84 は世界測地系の 1 つであるが，WGS 84 だけが世界測地系というわけではない．

c. 日本測地系と世界測地系

わが国で 2002 年 3 月末まで採用されていたベッセル楕円体と現実の地球の位置関係は，東京都港区麻布台にある日本経緯度原点の地点において明治時代に行われた天文観測の結果に基づき決定された．これを日本測地系（Tokyo Datum）という．

2002 年 4 月以降，わが国の採用する地球楕円体は GRS 80 楕円体となり，GRS 80 楕円体と地球との位置関係は，国際観測に基づき決定された位置関係を採用することとなった．この位置関係にもいくつかの決め方があるが，現在，最も信頼性が高く，継続性，公開性があるものは，国際地球回転・基準系事業 IERS（International Earth rotation and Reference systems Service）という国際機関が定める国際地球基準座標系 ITRF（International Terrestrial Reference Frame）である．ITRF は，世界中の 200 以上の観測局で得られた宇宙測地データを平均して構築された基準座標系であり，常に最新のデータを用いて更新されている．1989 年より 1～数年間隔でその成果が公表されている．すべての観測局位置を 1 cm オーダーの精度で決定するため，局位置の移動速度をプレート運動モデルに基づいて推定して座標値を算出している．各年の ITRF は年号をつけて区別しており，ITRFyy（yy=89, 90, …, 94, 96, 97, 2000）のように表記する．わが国では ITRF 94 を基準として採用した．GRS 80 楕円体と ITRF 94 に基づいて定めら

れたわが国の世界測地系を，特に日本測地系 2000（Japanese Geodetic Datum 2000）と呼んでいる．日本測地系の緯度・経度で表されている地点を，世界測地系の緯度・経度で表すと，東京付近では，緯度が約 +12″，経度が約 −12″ 変化する．これは，緯線・経線の網が南東方向へ約 450 m ずれることに相当する．このずれ方は平行移動ではなく，地域によって異なる．

日本測地系から世界測地系（日本測地系 2000）への座標変換は単純な公式では精度よく行うことができない．これは日本測地系に地域ごとに異なる歪みがあるせいである．この地域ごとの歪みをパラメータ化して座標変換を精度よく行うためのプログラム「TKY2JGD」を国土地理院がインターネットで提供している[1]．このプログラムにより，ほとんどの地域で 10 cm 程度の誤差で日本測地系から世界測地系へ変換することができる．なお，2002 年 4 月以降に発生した大地震による地殻変動は，場合によっては緯度・経度に 1 m 近いずれとなって現れる．このような地殻変動の影響を補正するためのプログラムとして，国土地理院が「PatchJGD」をインターネットで提供している．

一方，海上においては水路業務法により世界測地系を採用することとされているが，海上における世界測地系は日本測地系 2000 ではなく，WGS 84 である．陸上と海上とではよりどころとする国際的取り決めが異なり，陸上では ITRF，海上では WGS 84 が国際的に採用されているためである．航空分野においても国際的に WGS 84 が採用されている．

座標系としての WGS 84 と日本測地系 2000 のもとになった ITRF の間には，かつては 1 m ほどの相違があったが，WGS 84 が何度かの改訂によりしだいに ITRF に近づいてきたため，今や違いがなくなってきている．楕円体としても GRS 80 楕円体と WGS 84 楕円体は 0.1 mm の違いしかなく，両者は実用上同一とみなしてよい．かつて WGS 84 と ITRF の相違が大きかった時代には両者の間の座標変換が行われていたが，現在においてはこのような座標変換を行う必要はない．

4.2.2　3 次元直交座標系による位置の表現

ここまでは，地球上の位置が緯度・経度で表されることを前提に世界測地系の説明をしてきたが，実は世界測地系においては基本となる座標は 3 次元直交座標系（Cartesian coordinate system）である．3 次元直交座標系の方が人工衛星の軌

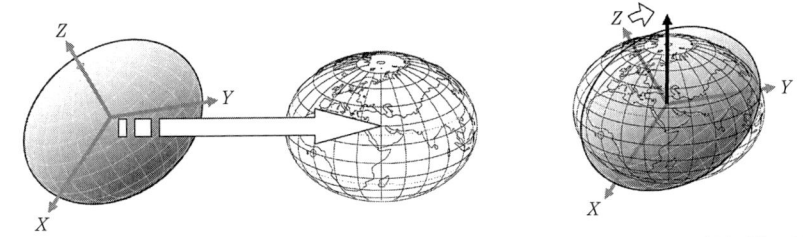

1. 地球楕円体を決定する. 2. 地球楕円体の中心を地球の重心に一致させる. 3. 地球楕円体の短軸(Z軸)を地球の自転軸に一致させる.

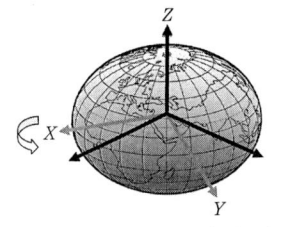

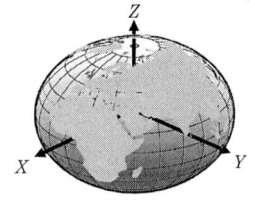

4. 地球楕円体の本初子午線の方向(X軸)をグリニジ子午線の方向に一致させる. 5. 地球楕円体と地球の位置関係が決定する.

図 4.4 地球楕円体, 3 次元直交座標系と現実の地球の位置関係

道などの計算の取り扱いが簡単なためである.

3 次元直交座標系の原点と座標軸のとり方は次のようになる. まず, 地球楕円体の中心に原点をおき, 次に X 軸を本初子午線の方向の長軸, Z 軸を短軸に沿って北の方向, Y 軸をこれらと右手系 3 軸直交座標系をなす方向 (東経 90°) にとる. 地球をこの座標系に結びつけるには, 3 次元直交座標系の原点 (地球楕円体の中心) を地球重心に一致させ, Z 軸 (楕円体の短軸) を自転軸に一致させ, X 軸 (楕円体の本初子午線の方向の長軸) をグリニジ子午線の方向に一致させる (図 4.4).

注意しなければならないのは, ある計測地点の 3 次元直交座標から緯度・経度を求めるためには, 計測地点の高さとして「標高」ではなく, 次節で述べる「楕円体高」を用いる必要があることである. 高い精度を必要としなければ, 標高で代用することも可能であるが, 正確な緯度・経度を得たいのであれば, 高さの表現としての「標高」と「楕円体高」を区別しなければならない.

4.2.3 高さの表現

地球上の位置を表すときの高さ (height) または標高 (elevation) は, ジオイ

ドから地表の点まで垂直方向に測った距離を指す．一方，準拠楕円体の表面からジオイドまで垂直方向に測った距離をジオイド高（geoidal height）という．また，準拠楕円体の表面から地表の点まで垂直方向に測った距離を楕円体高（ellipsoidal height）という．これら3種類の高さの関係は図4.5のようになる．準拠楕円体が変われば，当然，楕円体高とジオイド高は変わるが，ジオイドと地表面の関係は変わらないので標高には変化を生じない．

ある地表の点の緯度・経度は準拠楕円体上に投影した点の緯度・経度として測られる．したがって，緯度・経度を正確に求めようとするならば，高さとしては標高ではなく楕円体高を用いなければならない（図4.6）．

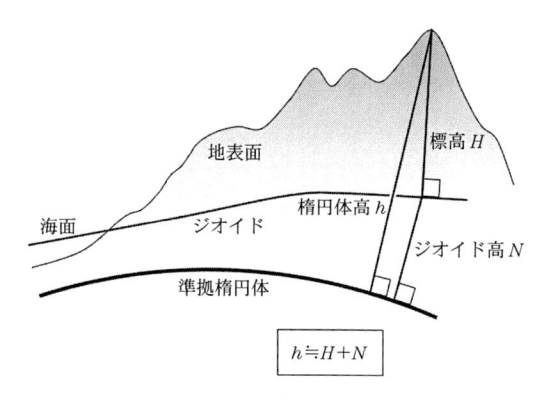

$$h ≒ H + N$$

図4.5 楕円体高，標高とジオイド高

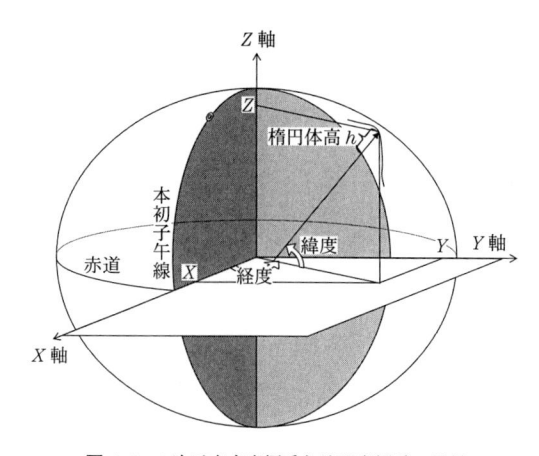

図4.6 3次元直交座標系と地理座標系の関係

ジオイドは全地球を覆う平均海面と考えてよいが，現実の海面は潮流の影響などを受けてジオイドとは必ずしも一致しない．しかしながら，わが国においては，東京湾平均海面がジオイドに一致すると仮定して，東京湾平均海面からの高さを標高としている．この標高には固有の名称がなく，「東京湾平均海面からの高さ」と表現しているが，基準となっている東京湾平均海面を T. P. と称することもある．T は東京湾の頭文字から，P は Peil（オランダ語で"水平面"）の頭文字である．河川，港湾の工事や維持管理では東京湾平均海面を高さの基準面とするよりも近傍の水面を高さの基準面とすることが適切な場合がある．このような局所的な高さの基準面を施工基準面または工事基準面という．これらは T. P. のように地名の頭文字をつけた名称をもつことがあり，例えば，A. P.（Arakawa Peil），Y. P.（Yedogawa Peil），O. P.（Osaka Peil）などと称している．

地上の測量で求められるのは標高であり，また，実生活上必要な高さも標高である．一方で，GPS 測量で求められる 3 次元直交座標値を緯度・経度と高さに換算すると，求められる高さは楕円体高となる．楕円体高から標高を求めるためにはジオイド高がわかっていなければならない．わが国においては国土地理院が国内のジオイド高を精密に決定し，基本測量成果（国内におけるすべての測量の基礎となる公式の数値）として公開している（2013 年 5 月現在で最新のものは「日本のジオイド 2011＋2000」）．

緯度・経度については，世界共通の基準を定めることが可能になった．一方，標高については，現在においても国あるいは地域固有の基準を定義しているのが現状であり，なお世界共通の基準を定めるには至っていない．平均海面の高さに地域差があり，平均海面が必ずしもジオイドと一致せず，したがって世界共通の基準面を決められないためである．

4.2.4 地図投影法

地表の地形・地物を準拠楕円体の表面に投影することにより，楕円体の滑らかな曲面上に地形・地物が描かれる．地図投影法は，楕円体の曲面上に描かれた図形を平面である地図上に描くための数学的な手続きである．曲面上の図形を距離，面積，角度をすべて歪みなく平面上に投影する方法は存在しない．このため，特定の性質だけを保持するさまざまな投影法が考案されてきた．

保持する性質に着目して投影法を分類すると，経線方向の距離が正しく投影さ

れる正距図法（equidistant projection），図形の面積が正しく投影される正積図法（equivalent projection），2本の微小な線分の交角が正しく投影される正角図法（conformal projection）がある．また，平面に投影された経緯線網の形状に着目して分類すると，代表的なものとして円筒図法（cylindrical projection），円錐図法（conical projection），方位図法（azimuthal projection）がある．投影軸が楕円体の短軸と一致する（これを正軸という）場合，円筒図法では経線は赤道に垂直で等間隔の直線群，緯線は赤道に平行な直線群で表される．緯線は等間隔とは限らない．円錐図法では経線は一点から放射する直線群，緯線はこの点を中心とする同心円弧群で表される．方位図法では経線は一点から放射する直線群，緯線はこの点を中心とする同心円群となる（正軸の場合）．それぞれの投影のイメージは図4.7のようになる．

　保持する性質と経緯線網の形状のそれぞれの組合せによりさまざまな投影法がある．例えば，メルカトル図法は正角図法で円筒図法の投影法である．また上述の分類にあてはまらない投影法も数多くある．GISで解析した結果を平面の地図として表示するときは，それぞれの投影法の特徴をよく理解した上で，解析の意図に最も適した投影法を選ぶことが肝心である．紙幅の都合でそれぞれの地図投影法の説明は他書に譲り（例えば，政春[2)]），ここでは次項の理解に必要なガウスクリューゲル図法（Gauss-Kruger projection）について簡単に述べる．

　ガウスクリューゲル図法は，またの名をガウスの等角投影法といい，横メルカトル図法（transverse Mercator's projection）の一種である．横メルカトル図法は投影軸が楕円体の長軸と一致する（これを横軸法という）場合のメルカトル図法

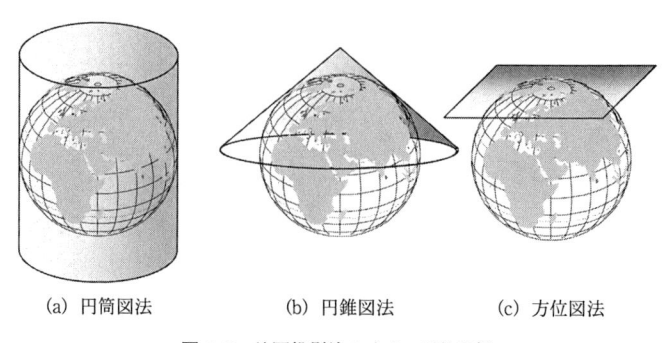

(a) 円筒図法　　　(b) 円錐図法　　　(c) 方位図法

図4.7　地図投影法のイメージ的理解

4.2 座標による空間参照（直接参照）　　　　　65

　　　　　　　　　　中央子午線

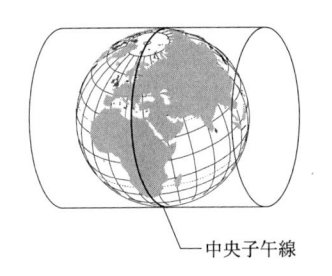

　　　　　　図 4.8　横メルカトル図法

である（図 4.8）．正角図法であり，かつ中央子午線（central meridian）として選んだ子午線が直線で表され正距という特徴をもつ．ガウスクリューゲル図法は，東西方向の範囲をある程度狭くとれば距離の歪みが小さく抑えられ，また狭い範囲の地形・地物が相似形で投影されるため，地図上で距離や角度を測るのに適しており，大縮尺から中縮尺の地図に多く用いられている．わが国では 20 万分の 1 よりも大きな縮尺の地図はこの投影法を用いている．なお，横メルカトル図法はガウスクリューゲル図法としばしば同義で用いられる．

4.2.5　UTM 座標系

UTM 座標系は，ユニバーサル横メルカトル座標系（universal transverse Mercator grid system）ともいい，地図の投影に用いられた場合は UTM 図法とも呼ばれる．投影法としてはガウスクリューゲル図法を用い，全世界を経度幅 6° の経度帯に分割して，経度帯の中央子午線において 0.9996 という縮尺係数を掛けたものである．原点は中央子午線と赤道の交点であり，東向きに横軸（X 軸または E 軸）をとり，北向きに縦軸（Y 軸または N 軸）をとり，原点の座標値を北半球に対しては (500,000 m, 0 m) とし，南半球に対しては (500,000 m, 10,000,000 m) とする（図 4.9）．西経 180° から 174° を第 1 帯とし，東回りに順次第 2 帯から第 60 帯まで区分していく．日本は第 51 帯から第 56 帯のなかにある．全世界を細い経度帯に分けるのは，中央子午線から東西方向に離れるほど距離の歪みが大きくなるので，東西方向の範囲をある程度に区切って歪みを抑えるためである．中央子午線に縮尺係数を掛けるのは，1 つの経度帯のなかで距離の歪みが −1 万分の 4 から +1 万分の 6 程度の範囲に収まるようにするためである．原点座標値が (0, 0) でないのは，座標値に負号が現れないようにするためであ

```
        N軸（Y軸）
        （中央子午線）



                      E軸
                      （X軸）
              原点
              ┌ 北半球：(500,000m, 0m)
              └ 南半球：(500,000m, 10,000,000m)
```

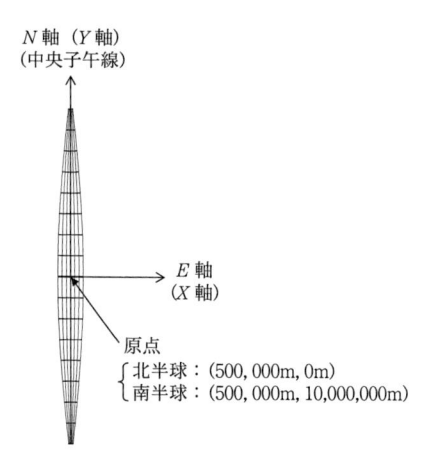

図 4.9 UTM 座標系

る．地図投影法としての UTM 座標系は日本の 2 万 5 千分の 1 および 5 万分の 1 地形図と 20 万分の 1 地勢図に利用されている．UTM 座標系のなかに描かれた緯線と経線は曲線となる．地形図は経線，緯線を 4 辺とする矩形にみえるが，厳密にみれば 4 本の曲線に囲まれた矩形もどきであり，向かい合う 2 辺の長さは等しくなく，平行でもない．

4.2.6 平面直角座標系

　日本の平面直角座標系 (rectangular plane coordinate system) は，またの名を公共座標系，また別の名を 19 座標系という．投影法としてはガウスクリューゲル図法を用い，日本を 19 の系に分けている（図 4.10）．各系は UTM 座標系のように経度で分けるのではなく，1〜8 つ程度の都道府県が含まれるような行政区域で区分し，中央子午線における縮尺係数を 0.9999 とし，距離の歪みが ±1 万分の 1 程度に収まるよう東西方向に原点からそれぞれおおむね 130 km までを適用範囲としている．原点の座標値は（0 m，0 m）とし，東向きに横軸として Y 軸をとり，北向きに縦軸として X 軸をとる（通常の数学で使われる X 軸，Y 軸と縦横のとり方が逆になることに注意）．1 万分の 1 程度の距離の歪みを許容すれば，曲面の地球を平面として扱って測量ができるので，比較的狭い範囲で行う測量に利用すると便利である．日本では縮尺が 1 万分の 1 よりも大きな地図の作成に利用されている．

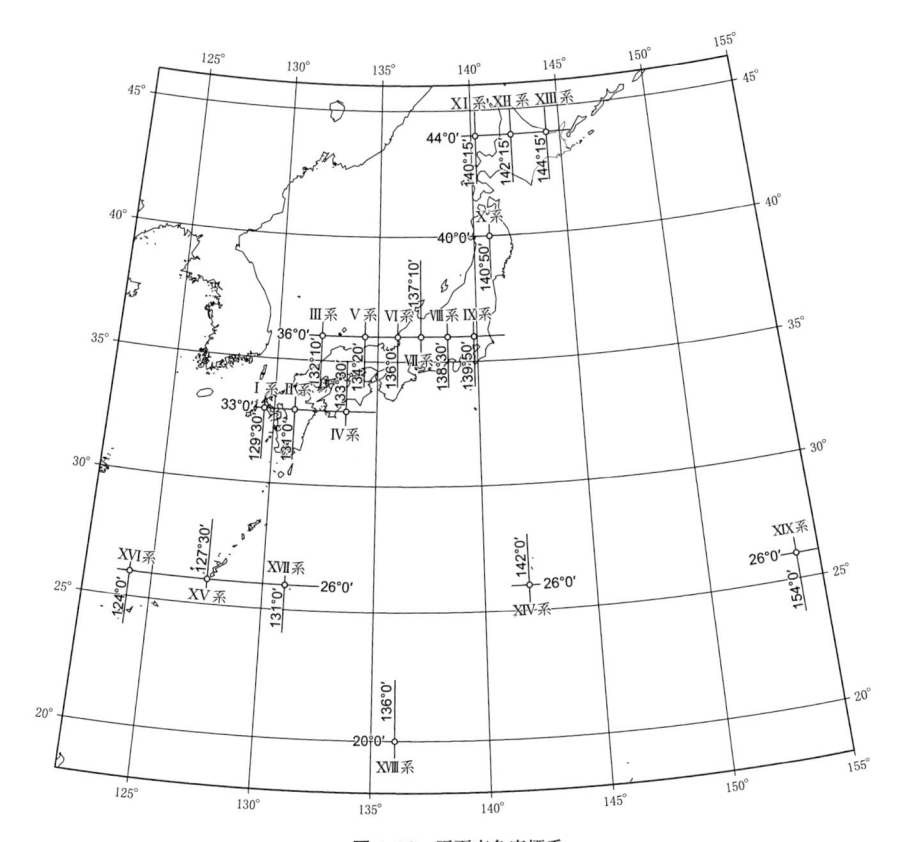

4.2 座標による空間参照（直接参照）　　67

図 4.10　平面直角座標系

　UTM座標系と平面直角座標系は，投影法としては同じガウスクリューゲル図法を利用しているが，原点のとり方も縮尺係数も異なるため，座標系としてはまったく異なるものである．したがって，平面直角座標系を利用する2,500分の1の図面を10分の1に縮小しても，UTM座標系を利用する2万5千分の1地形図には重ならない．異なる座標系で描かれた地図を重ね合わせるときは，座標系を数学的な手続きに従って換算し同一の座標系にそろえなければならない．小地域に対してアフィン変換などで図形を合わせ込むことも行われるが，座標系が曖昧なものになるので勧められない．

4.2.7 法令における規定

わが国の測地系と高さの基準は，陸域においては測量法第11条，海域においては水路業務法第9条で定められ，さらに測量法施行令第2条および第3条，水路業務法施行令第1条および第2条で具体的な数値などを与えてさらに細かく規定している．法律の改正には国会の審議採決が必要であり，測地系と高さの基準の採択はそれくらい重要なものと位置づけられている．政令である施行令の改正には閣議了解が必要であり，基準の詳細な規定は国会の審議採決につぐ重要事項とされているのである．世界測地系への移行はこれら法令改正により2002年4月に施行された．また，平面直角座標系は測量法の規定に基づき国土交通省告示で具体的に定めているが，同様の定めが地籍調査のための座標系を規定している国土調査法施行令にもあり，測地系の規定に並ぶ扱いとなっている．平面直角座標系は不動産登記法第14条に規定された登記所に備えつける地図（14条地図と呼ばれる）にも利用されている．3次元直交座標系についても測量法の規定に基づき国土交通省告示で具体的に定めている．このように，わが国においては位置参照のための座標系は法令上かなり厳格に定められている．また，大地震において座標系に狂いが生じたときには国土地理院が改測をし，改測の結果に基づく補正プログラムを提供しているので，今後とも継続性をもって座標による空間参照により位置を特定することができる．

4.3 座標演算

測地系との関係が明らかな座標系あるいは高さの基準との関係が明らかな高低座標系（一般的には標高）を座標参照系（coordinate reference system）という．ある地理空間情報の集合と別の地理空間情報の集合を重ね合わせて解析するときには両者の座標参照系が一致していなければならない．座標参照系が異なる場合は，一方の座標参照系に座標演算を行って他の座標参照系に変更する．

座標演算には，同一の測地系（あるいは高さの基準）に属する異なる2つの座標系の間で座標の変更を行う換算（conversion）と異なる測地系（あるいは高さの基準）に属する2つの座標参照系の間で座標の変更を行う変換（transformation）がある．日本ではどちらの演算も「変換」と訳されることが多いが，両者は異なる概念であり，conversionは「換算」と訳すべきであろう．例えば，楕円体上の

4.3 座標演算

地理座標系(緯度・経度)から平面直角座標系への演算は換算である.3次元直交座標系を地理座標系へ変更することも換算であり,フィートからメートルへの標高の計量単位の変更も換算である.他方,日本測地系の3次元直交座標系から世界測地系の3次元直交座標系への変更は変換である.

座標演算は複数の換算と変換の組合せとなることもあり,このような演算を連結座標演算という.日本測地系の平面直角座標系から世界測地系の平面直角座標系への変更は図4.11のように4つの換算と1つの変換からなる連結演算である.

換算においては演算のパラメータは数学的に厳密に決まる.ただし,「厳密に決まる」ことは必ずしも解が陽関数として求まる(直ちに解が決まる)という意味ではない.例えば,3次元直交座標系を地理座標系に換算するには繰り返し計算により解の近似度を高めるという解法をとる.一方,変換においては演算のパラメータは経験的に決定する.経験的な決定とは,対象とする地域にあるいくつかの基準点において観測を行い,その結果に基づいて異なる座標参照系でのそれぞれの座標値を求めて相互の関係を計算するという方法である.観測の誤差に加え,どの基準点を選ぶか,あるいは相互の関係を計算するときにどのようなモデルを基にするかによって,変換のパラメータの値は異なるものが得られる.日本測地系とWGS 84の間の変換パラメータが文献によって異なっているのはこのためで,パラメータが厳密に決まる換算との大きな相違点である.

先に述べたように,日本測地系と世界測地系(日本測地系2000)の緯度・経度の間にはずれがある.両者の座標変換を行うには,単純な変換式では十分な精度が得られない.それは,日本測地系の緯度・経度に歪みがあるためで,単純な

```
日本測地系              世界測地系
平面直角座標系           平面直角座標系
    │                        ↑
    ↓ 換算1                  │ 換算4
日本測地系              世界測地系
地理座標系              地理座標系
    │                        ↑
    ↓ 換算2                  │ 換算3
日本測地系    ⟹       世界測地系
3次元直交座標系         3次元直交座標系
              変換1
```

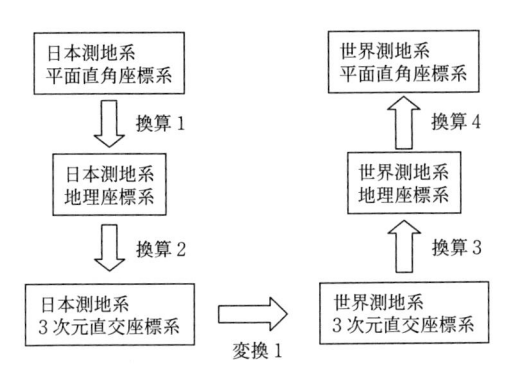

図4.11 座標演算:換算と変換

変換式を用いた場合，北海道で9m，九州では4m程度のずれが残ってしまう．このため，一等から三等までの三角点約39,000点における観測を基に決定したパラメータを用いて変換を行う．この変換を行うプログラムが「TKY2JGD」である．これに対して，平面直角座標系から地理座標系，地理座標系から3次元直交座標系への換算は数学的に厳密に決定される．注意しなければならないのは，これらの換算に用いられる式のパラメータには地球楕円体の長半径，扁平率が含まれており，地球楕円体が異なれば換算式の形は同じでも式の係数は変わってくることである．2つの座標参照系の間の座標演算を行う際には，適切な換算と変換を選択して適用しなければならず，多項式で近似などするとその座標参照系は曖昧なものとなる．

なお，これらの計算式は国土地理院のホームページで紹介されているので，詳しく知りたい読者は参照されたい[3]．

[日本測地系2000の改訂]

2011年3月11日に発生した東北地方太平洋沖地震（東日本大震災）に伴い，東北地方を中心に大きな地殻変動が生じ，震源に近い宮城県牡鹿半島では5mを超える水平変動が観測された．地殻変動は東北，関東，甲信越地方にわたる広い範囲に及んだため，同地方の位置座標は地震後の測量の結果に基づき同年10月に全面的に改定された．それ以外の地方については変動が小さかったために位置座標は改定されなかったが，わが国全体の測地系の名称は，改定されなかった地方も含めて，地震前までの日本測地系2000から日本測地系2011に改定された．

[村上真幸]

引 用 文 献

1) URL：http://vldb.gsi.go.jp/sokuchi/program.html を参照．
2) 政春尋志（2003）：地図投影の基礎と主な地図投影法．地理情報科学事典（地理情報システム学会編），pp. 466-477，朝倉書店．
3) URL：http://vldb.gsi.go.jp/sokuchi/surveycalc/main.html を参照．

5 地理空間データの操作と計算幾何学

5.1 空間情報の操作・処理

　地理空間データは大量の情報から構成されており，そのまま眺めていても有益な情報を得ることは難しい．われわれは，通常，地理空間データを処理・加工することによって，膨大な空間情報のなかから意味のある情報を引き出す必要がある．したがって，そのための空間情報の操作は，GIS の理論のなかでも最も重要な部分の 1 つである．本章では，ベクタデータを念頭におきながら，空間情報の操作・処理とそれを支える計算幾何学（computational geometry）について解説する．

　空間情報の処理は，前処理，本処理，後処理の 3 つに大別される．前処理は，座標系の統一や，データの位相構造化などを指す．本処理は，面積・体積などを求める計量処理，線分や多角形などの図形の交差や包含を判定する空間検索，オーバーレイ（重ね合わせ），バッファリング，最短経路探索などのネットワーク分析，ボロノイ図やドローネ三角形分割などの空間分割，地形解析のための 3 次元処理などがある．また，後処理とは，処理・解析結果をわかりやすく表現するための処理をいい，動的表現や CG が利用される．本節では，本処理について簡単に解説する．

5.1.1 幾何的探索問題と空間検索

　空間情報を扱う上では，例えば「ある区域にある公共施設を列挙したい」「幹線道路から 100 m 以内の距離にある建物を列挙したい」といった操作が頻繁に必要とされる．一般に，対象となる図形のなかからある図形に関する条件を満た

す要素を列挙する問題を幾何的探索問題という．この問題を解く操作は GIS では空間検索と呼ばれ，それ自体が目的となることも多いが，そのなかで他の幾何学的処理を行う際にも，幾何的探索問題が部分問題として現れることが多い．したがって，幾何的探索問題の実用的な高速算法の開発は，空間探索のみならず，GIS の諸機能を効率的に処理する上で不可欠である．

幾何的探索問題にはさまざまな種類があるが，代表的なものは，点位置決定問題，領域探索問題，点包囲問題，線分交差探索問題の 4 つであり，一般の多くの問題はこれらの組合せにより解くことができる．これらの問題を多数回繰り返し解く場合には，前処理を施すことが効率的であることが多い．

なかでも最も基本的な問題である点位置決定問題（point location problem）は，対象平面がいくつかの多角形領域に分割されている場合，ある点がどの多角形に含まれているかを判定する問題である．この問題については，鉛直線算法が効率的である（図 5.1）．

ある点がある多角形の内部にあるかどうかを判定する問題については，位置を確かめたい点の鉛直線（鉛直上方の十分遠い点と結んだ半直線）と多角形の各辺との交点の個数を考え，もし交点数が奇数ならば点はその多角形の内部にあり，偶数ならば外部にあることを利用して，内点判定を行う方法が知られている．鉛直線算法は，これと同様に，所与の点から鉛直線を引き，無限遠から走査していき，交差する辺を判定していく方法である．この問題を繰り返し解きたい場合は，前処理つきのより効率的なアルゴリズムが有効である．領域探索問題（range search problem）はある多角形に含まれる点を列挙する問題，点包囲問題（point enclosure problem）はある点を含む多角形を列挙する問題，線分交差探索問題（segment intersection problem）はある線分と交わる線分を列挙する問題であり，

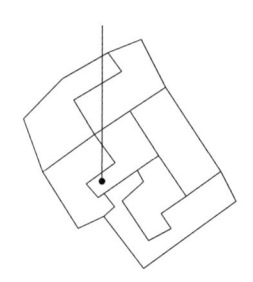

図 5.1　点位置決定問題と鉛直線算法

5.1 空間情報の操作・処理

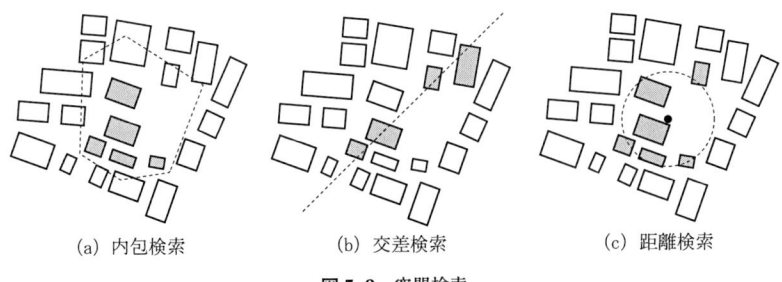

(a) 内包検索　　(b) 交差検索　　(c) 距離検索

図 5.2 空間検索

これらの問題についても，同様に効率的な算法が開発されている．

GISにおける空間検索（spatial query）とは，空間情報の位置条件に基づいて地物情報を選択する操作をいい，近傍検索処理とも呼ばれる．具体的には，上述の問題に対する算法を利用して，ある図形に含まれる，あるいは交差する図形を抽出する処理を意味する．ある図形に完全に含まれる地物を検索する内包検索，ある図形と交差する地物を検索する交差検索，ある図形から一定距離以内に存在する地物を検索する距離検索などがある（図 5.2）．距離検索は，後述のバッファリングと交差検索を同時に行うことと等価である．これらの処理には，平面上の幾何的探索問題として開発された算法が有効である．

5.1.2 オーバーレイ

オーバーレイ（overlay）とは，属性の異なる複数のレイヤ（layer）を重ね合わせて新しい主題図を作成する操作であり，古来より複数の事象の因果関係の分析や，ある目的の開発に適した用地や地域を見出す適地選定の道具として利用されてきた．オーバーレイ処理は，ブール代数の論理演算が基礎であり，論理積（AND），論理和（OR）に相当するインターセクト（intersect），ユニオン（union）の操作が基本となる（図 5.3）．

一般に，種類の異なる地図を重ね合わせて新しい地図を作成する際には，例えば，2つの多角形の交差を判定する必要が生じる（図 5.4）．こうした操作の基本となるのが，線分交差探索問題である．x-y 平面上に n 本の線分が与えられたとき，これらが相互に交わるかどうかを調べるには，単純には n^2 のオーダーの手間がかかるが，y 軸方向で重なりがない線分どうしは調べる必要がないことを利用すれば，調べる手間を減らすことができる．これは，x 軸に平行な直線を走査

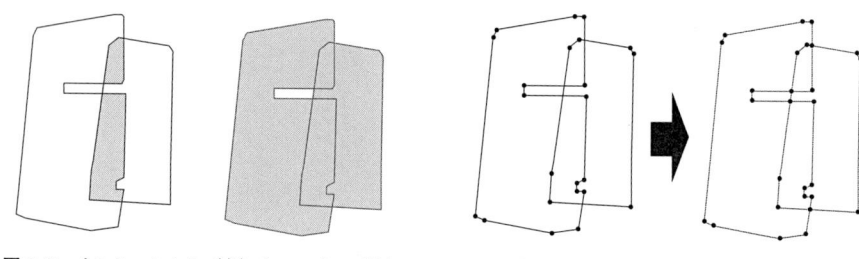

図 5.3　インターセクト（左）とユニオン（右）　　　図 5.4　オーバーレイと多角形交差

して交差を調べていることと同じである．この方法を一般化したものが平面走査法（plane sweep method）であり，幾何的探索問題の代表的な手法の1つである．

5.1.3　バッファリング

バッファ（buffer）とは，ある地理事象が周囲に影響を及ぼすとき，その周囲における緩衝地域や影響圏を意味する．バッファリング（buffering）とは，バッファを生成することを意味し，点，線，面など指定された地図要素に対して一定の距離にある点を結んでできるポリゴンを新たに生成する操作である（図 5.5）．この操作と空間検索を組合せることにより，影響圏と他の地理事象との交差関係を調べることが可能になる．

5.1.4　ネットワーク分析

ノードとリンク（セグメント）で構成されるネットワークの地理データが与えられたとき，結合度や近接度などの連結性の測定，2地点間を最小の距離で結ぶ最短経路（shortest path）の探索などを行う操作を指す．これらの基礎にはグラフ理論があり，最小木（minimum spanning tree），シュタイナー木（Steiner tree）や，巡回セールスマン問題（traveling salesman problem）の近似解などを

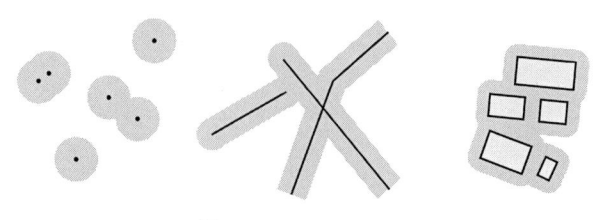

図 5.5　バッファリング

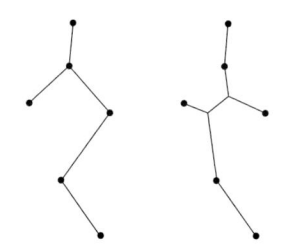

図 5.6 最小木(左)とシュタイナー木(右)

求める操作もこれに含まれるため,オペレーションズ・リサーチ(OR)とも密接な関係をもつ(図 5.6).道路網を対象としたネットワーク分析は,特に交通輸送計画,防災計画,マーケティングなどの分野で盛んに応用されている.

5.1.5 空間分割

ボロノイ図(Voronoi diagram)やドロネ三角形分割(Delaunay triangulation)が代表的なものである.これらは,圏域分析やネットワーク分析,曲面の近似表現や空間的補間などに用いられるが,空間情報処理の上でも重要な概念であり,その背後で使用されている.例えば,平面上に与えられたn個の点のなかで,任意に与えられた一点に最も近い点を求めるという操作を何度も繰り返したいとき,その一点からn個の各点までの距離を求めて最小値を決定する操作を繰り返すのに比べて,あらかじめn個の点で分割された平面における点位置決定問題を既述の操作で繰り返す方がはるかに効率的である.これらの分割を効率よく構成する問題は,計算幾何学の最も重要なテーマの1つである.

5.1.6 3次元解析

地形解析に用いられる不規則三角形網(triangulated irregular network:TIN)は,地形を不規則な小三角形面のパッチによって近似するもので,ラスタ型データに相当する格子型数値標高モデル(digital elevation model:DEM)に比べて,地形の複雑度に応じて生ずる冗長性や精度の問題の面で優れている.

これらの空間情報の操作・処理は,それぞれが独立なものではなく,相互に密接に関係している.なかでも,空間分割の方法は,他の操作・処理に際してその効率を上げるためにきわめて有用であり,そのための理論的基礎を与える学問分

野が計算幾何学である．なお，地理空間データの操作の具体的方法は，秋山[5]が詳しく論じている．また，空間情報の操作・処理から空間分析に至るソフトウェアの開発も進んでいる[6]．

5.2　計算幾何学

　計算幾何学は，初等ユークリッド幾何学的問題を効率よく解くためのアルゴリズムの設計とデータ構造を扱う分野である．GIS 上で実現する膨大なデータを伴う複雑な図形処理が短い演算時間で可能になったのは，計算幾何学の成果に負っているところが大きい．隣接，交差，包含などの GIS 上での操作は，効率的なアルゴリズムの開発によって可能となった．

　計算幾何学の歴史は比較的新しく，その先駆けは 1970 年代のいくつかの研究にみることができるが，シェーモス（Shamos）[7]の博士論文によって理論の体系的基礎づけがなされ，プレパラータ（Preparata）とシェーモスの著作[8]を機に研究が急速に進んだ．その後，コンピュータグラフィクス（computer graphics：CG），パターン認識（pattern recognition），クラスター分析（cluster analysis），コンピュータ支援設計（computer-aided design：CAD），ロボティクスとの同時進行的発展も手伝って，学問的に認知されるようになった．

　日本でも，地理的情報処理を計算幾何学と結びつけた研究が 1980 年代初頭に開始され，1981 年に日本オペレーションズ・リサーチ学会に設置された「地理的情報の処理に関する基本アルゴリズムの調査・開発」委員会の活動により，オペレーションズ・リサーチの手法を取り込みながら地理的情報の効率的な処理技法が探求された[9]．

　計算幾何学は，位相幾何学・組合せ幾何学（接続関係・包含関係など）と計量幾何学（定量的属性，すなわち，点の座標，線分の長さ，面分の面積など）の両面をあわせもつため，計算誤差による誤った判定を回避することにも注力された．また，地図の歪みの補正や図面の連結などの処理にも大きな役割を果たした．計算幾何学を構成する基本的手法は，分割統治法，逐次添加法，平面走査法（既出），幾何学的変換法，バケット法，フィルタリング法，ランダマイズドアルゴリズム，縮小法などである．詳しくは，章末の文献[9, 16-21]を参照されたい．

　このように，計算幾何学は地理空間データの操作・処理技術の発展に，その基

礎理論として大きく寄与したのである．以下，本章では，計算幾何学の成果のなかで最も重要なボロノイ図およびドローネ三角形分割，そしてそれらと関連する項目を取り上げ，理論的側面を解説する．

5.3 ボロノイ図

データ処理の効率を高めるためには，前処理として並べ替え（ソート）をしておけばよいことはよく知られている．1次元空間における点の順序関係も，座標上で大きい順または小さい順に並べておけばよい．では，2次元空間において，1次元空間の順序関係に相当する点相互の位置関係を表すものは何であろうか．実は，この幾何学的構造を表すものがボロノイ図である．ボロノイ図は，ユークリッド空間における郵便局問題（post office problem），すなわち「n 個の郵便局の位置が与えられたときに，適当な前処理を施すことによって，任意の位置に対して最も近い郵便局を効率的に求める問題」として，計算幾何学の中心的課題として位置づけられた最も重要な概念である[9]．

2次元平面上に n 個の点 $P_1, P_2, \cdots, P_n$（母点と呼ぶ）が分布しているとする．母点 P_i のボロノイ領域（ボロノイ多角形ともいう）とは，母点の中で P_i が最も近いという領域と定義される．これを $V(P_i)$ と表すことにすると，$V(P_i)$ は P_i を最近点とする集合であり，P_i の勢力圏とみなすことができる．$V(P_1), V(P_2), \cdots, V(P_n)$ による平面の分割をボロノイ図（あるいはディリクレ（Dirichlet）分割，ティーセン（Thiessen）分割，ウィグナー–ザイツ（Wigner-Seitz）セル）という（図5.7）．また，ボロノイ領域の境界における頂点をボロノイ点，辺をボロノイ辺と呼ぶ．

ボロノイ領域 $V(P_i)$ は，P_i ともう1つの母点を結ぶ線分の垂直二等分線で切られた半平面の共通部分で表されるので，凸多角形であることがわかる．ボロノイ辺はそれをはさむ2つの母点を結ぶ線分の垂直二等分線の一部である．したがって，3つのボロノイ辺が出会うボロノイ点は，3つの母点から等距離にある点であり，これらを頂点とする三角形の外心である．ボロノイ点を中心とし，3つの母点までの距離を半径とする円（三角形の外接円）内には，他の母点は含まれないという性質がある．一般に，ボロノイ領域 $V(P_i)$ 内に点 Q をとり，Q を中心として P_i までの距離を半径とする円を描いたとき，この円内にはどの母点も含

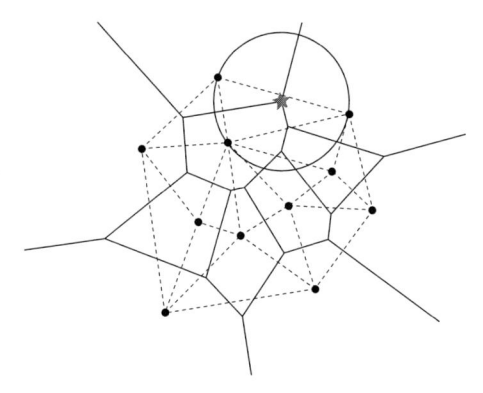

図 5.7 ボロノイ図とドローネ三角形分割・最大空円

まれない.

ボロノイ図を構成する算法としては,逐次添加法(incremental method)と分割統治法(divide-and-contour method)があり,それぞれ改良が加えられている.ボロノイ図を前処理として求めておくことによって,先の郵便局問題を何度も繰り返して解かなければならないような状況においては,n 個の郵便局までの距離をいちいち計算して最小のものを求める操作を繰り返すよりもはるかに効率的に解を得ることができる.

5.3.1 凸　包

母点 $P_1, P_2, \cdots, P_n$ が平面上に分布しているとき,これらの点の集合 S を含む最小の凸多角形を S の凸包(convex hull)という(図 5.8).母点に針を打ち,輪ゴムをひっかけたときにできる多角形である.これを計算で求めることは,人間が図をみて書くほど容易なことではない.

ボロノイ辺には,長さが有限な辺と,無限遠点に向かって延びる無限な辺があるが,後者の無限辺と凸包とは次のように関係している.すなわち,2つの母点 P_i, P_j が凸包の境界上にある隣接する頂点であることと,P_i, P_j の垂直二等分線が無限辺であることは同値である.凸包を構成する点は,2次元平面における点集合の「端」を意味し,後述の最遠点ボロノイ図のボロノイ領域は,凸包上にある母点に帰属する領域しか現れないという性質がある.

凸包を求める算法は,点位置決定算法やボロノイ図構成算法のサブルーチンと

図 5.8 凸 包

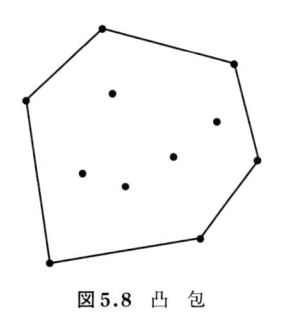

しても呼ばれる最も基本的な問題の1つである．

5.3.2 最大空円問題

ボロノイ図の代表的応用例としては，最大空円問題（largest empty circle problem）があげられる．最大空円問題とは，$P_1, P_2, \cdots, P_n$ のうちで最も近い母点までの距離が最大となる点を求めるという幾何的最適化問題の1つである．これは，母点を含まない最大半径の円，すなわち最大空円（largest empty circle）を求める問題ともいえる．母点が都市施設であるとすれば，施設のサービスを受けるのに最も不便な場所を見つけることに相当する．

今，母点の集合の凸包を対象範囲とすると，この問題の答えは，母点からボロノイ図を構成してできるボロノイ点で，この点を囲む母点までの距離を計算し，その値が最も大きい点を求めれば得られる．ただし，凸包の外にボロノイ点ができることもあるので，その場合は，凸包の内部に含まれるボロノイ点と，凸包の境界とボロノイ点の交点とをすべて比較しなければならない．図 5.7 では，星印のボロノイ点を中心とする円が最大空円である．

いずれにしても，ボロノイ図を用いることにより，求めたい位置の候補を有限個に絞ることが可能になる．

5.3.3 ボロノイ図の応用

ボロノイ図は，空間探索の前処理として重要である．すなわち，近傍探索やバッファリングなどの空間操作の前処理として利用される．ボロノイ図を利用して解くことのできる問題には，上述の最大空円問題のほかに，最近隣点対問題，全近隣点問題，最近隣点探索問題，固定最近隣点問題などがある．

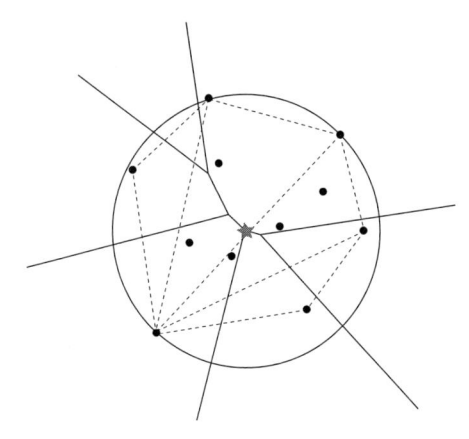

図 5.9 最遠点ボロノイ図・最遠点ドローネ三角形分割と最小包含円

ボロノイ図は，地理学では，曲面の近似表現や空間的補間などにも用いられる．また，都市工学の分野では圏域解析や施設配置最適化にも応用されている[10,11]．また，平面上に分布する点（施設）に対する最近隣距離分布の導出などの分布パターン分析の際にも有効である[12]．

ボロノイ図には，最遠点ボロノイ図，重みつきボロノイ図，順序つきボロノイ図をはじめ，さまざまな拡張が考えられる．最遠点ボロノイ図（farthest-point Voronoi diagram）とは，距離を直線距離の逆数で与えたときに得られるボロノイ図であり，最も遠い母点に帰属させる空間分割となる．所与の n 個の点に対して，これらをすべて含む最小の円，すなわち，最小包含円（smallest enclosing circle）を求める問題（ミニマックス施設配置問題）に有効である．都市計画の分野では，警察や消防などの緊急施設の最適配置を求める際に重要な概念である（図 5.9）．ボロノイ図の一般化について，詳しくは，Okabe et al.[13] などを参照されたい．

5.4 ドローネ三角形分割

さて，点 $P_1, P_2, \cdots, P_n$ を母点とするボロノイ図において，2 つのボロノイ領域 $V(P_i)$ と $V(P_j)$ がボロノイ辺を共有するとき，P_i と P_j は隣接するという．このとき，隣接する母点どうしを辺で結んで得られる図形をドローネ三角形分割とい

う．ドローネ三角形分割はボロノイ図の双対図形（dual diagram）となっている（図 5.7）．

ドローネ三角形の1つ1つは，双対のボロノイ図のボロノイ点の1つ1つと対応している．このボロノイ点から，対応するドローネ三角形の頂点までの距離はすべて等しいので，そのボロノイ点は対応するドローネ三角形の外心となっている．

また，ある母点に最も近い母点は，その母点のボロノイ領域に隣接するボロノイ領域の母点のいずれかであるという性質がある．したがって，それらの母点どうしはドローネ三角形分割でも1つの辺でつながっていることになる．この性質を利用すると，後述の最小木や近接グラフを構成する問題にドローネ三角形分割が役立つことが理解できる．

ドローネ三角形は，3次元解析のところで述べたTINを構成する際や，工学における有限要素法（finite element）のためのメッシュ生成にも用いられる．凸包を三角形に分割するにはドローネ三角形分割以外にもさまざまな方法が考えられるが，ドローネ三角形分割は局所的にも大域的にも最小角最大原理を満たし，小さな角度の三角形を避け，できるだけ正三角形に近い三角形を与えることが知られている[9]．例えば，図5.10では $\alpha > \beta$ であるので，ドローネ三角形分割は（a）のようになる．このことが，TINを構成する上でも優れた分割となる理由である．

なお，最遠点ボロノイ図のボロノイ領域の隣接関係からも同様に最遠点ドローネ三角形分割が定義できる（図5.9）．

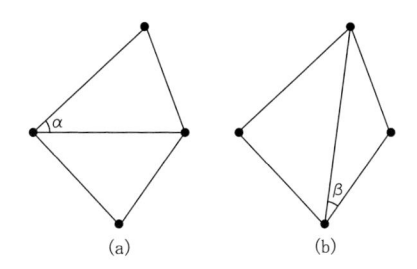

図5.10　ドローネ三角形の最小角最大化原理

5.4.1 最小木問題

ドローネ三角形分割の代表的応用例に，最小木問題がある．最小木（minimum spanning tree）問題とは，与えられた点 $P_1, P_2, \cdots, P_n$ の間に $n-1$ 本の辺をつけて連結したときに，辺の長さの総和を最小にするようなつなぎ方を求める問題である．この問題については，古くからクラスカル（Kruskal）やプリム（Prim）の算法が知られているが，ドローネ三角形分割を用いると効率よく求められる．

紙面が限られているため省略するが，最小木を構成する辺は，局所的に最小の長さとなる辺をつなぎ合わせることによって構成することができるという性質をもつ．また，前に述べたように，n 個の点を 2 つの空でない集合に分割したとき，各集合から 1 点ずつ選ばれた 2 点の間の距離のなかで最小を与える 2 点は，n 個の点を母点とするボロノイ図において隣接するという性質がある．ボロノイ図における母点の隣接関係はドローネ三角形分割における隣接関係に対応しているので，最小木の辺はドローネ三角形分割の辺にもなっている．このことを利用して，ドローネ三角形分割上で隣接した 2 点を結ぶ辺を小さいものからつなぎ合わせることによって，最小木を効率よく求めることができる．

なお，中継点を付加してもよいという条件で総延長を最小にするネットワークをシュタイナー木（Steiner tree）といい，一般に最小木とは異なる（図 5.6）．これを求める算法にもボロノイ図が有効である．

5.4.2 近接グラフ

近接グラフ（proximity graph）とは，平面上において点どうしの近さに基づいて定義されるグラフの総称である．最小木やドローネ三角形分割は近接グラフの代表であり，そのほかにも，最近傍グラフ（nearest neighbor graph），相対近傍グラフ（relative neighborhood graph），ガブリエルグラフ（Gabriel graph）などがある[13,14]．最近傍グラフとは，各点から最も近い他の点まで有向辺を引くことによってできる有向グラフをいい，相対近傍グラフとは，2 点 P_i，P_j を結ぶ線分を半径とし，P_i と P_j を中心とする 2 つの円の共通部分に他の点が含まれないときに両者を辺でつなぐことによってできるグラフをいう．また，ガブリエルグラフとは，2 点 P_i，P_j を結ぶ線分を直径とする円が空円のときに両者を辺でつなぐことによってできるグラフである．これらについても，最小木と同様，ドローネ三角形分割の辺の一部で構成できる，すなわち部分グラフであるという性質がある．

5.4 ドローネ三角形分割

(a) 最近傍グラフ　　(b) 最小木　　(c) 相対近傍グラフ

(d) ガブリエルグラフ　　(e) ドローネ三角形分割

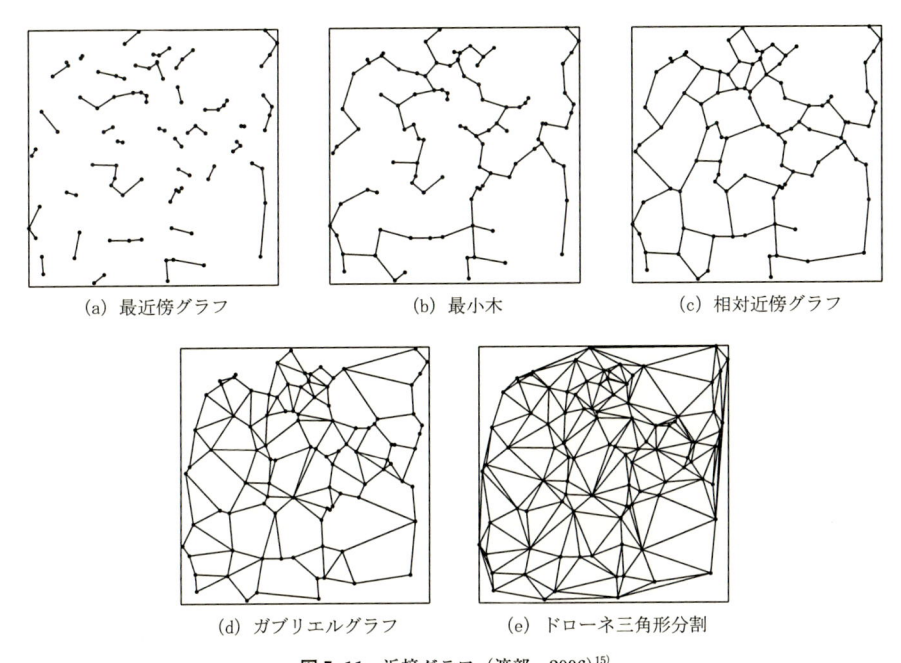

図 5.11 近接グラフ（渡部, 2006)[15]

　図 5.11 は，同一の点分布に対して，これらを描いたものである．近接グラフの応用としては，パターン認識やクラスター解析の分野があげられるが，都市工学の分野でも，実際の道路網の構成との対応を分析した渡部[15]の研究などがみられる．

　本章では，空間情報の操作・処理を支える理論としての計算幾何学について概観し，ボロノイ図とドローネ三角形分割を中心にその性質と重要性を解説した．計算幾何学は学問分野として成長し続け，さらなる深化と関連領域の拡大をみせている．計算幾何学についての詳細は，伊理・腰塚[9]，エデルスブルナー[16]，浅野[17,18]，今井・今井[19]，杉原[20]，ドバーグ[21]などを参照されたい．また，幾何計算のためのアルゴリズムやライブラリも利用可能になっており，幾何データの処理を行う支援環境も整ってきている[14,22]．　　　　　　　　　　　　［鈴木　勉］

引用文献

1) 地理情報システム学会編（2004）：地理情報科学事典，朝倉書店．
2) 中村和郎ほか（1998）：地理情報システムを学ぶ，古今書院．
3) 町田　聡（2004）：GIS・地理情報システム―入門＆マスター―，山海堂．
4) 野上道男ほか（2001）：地理情報学入門，東京大学出版会．
5) 秋山　実（1996）：地理情報の処理，山海堂．
6) 岡部篤行・村山祐司編（2006）：GISで空間分析―ソフトウェア活用術―，古今書院．
7) Shamos, M. I. (1978) : Computational geometry. Ph. D. thesis, Department of Computer Science, Yale University.
8) プレパラータ，F. P.・シェーモス，M. I. 著，浅野孝夫・浅野哲夫共訳（1992）：計算幾何学入門，総研出版．
9) 伊理正夫監修・腰塚武志編（1993）：計算幾何学と地理情報処理（第2版），共立出版．
10) 岡部篤行・鈴木敦夫（1992）：最適配置の数理（シリーズ＜現代人の数理＞，第3巻），朝倉書店．
11) 栗田　治（2004）：都市モデル読本，共立出版．
12) 腰塚武志（1986）：都市平面における距離の分布．都市計画数理（谷村秀彦ほか），pp. 1-55，朝倉書店．
13) Okabe, A. et al. (2000) : *Spatial Tessellations : Concepts and Applications of Voronoi Diagrams* (2 nd ed.), John Wiley & Sons.
14) 杉原厚吉（1998）：FORTRAN計算幾何プログラミング，岩波書店．
15) 渡部大輔（2006）：近接性からみたネットワーク形態解析と輸送システム最適化に関する数理的研究，筑波大学大学院システム情報工学研究科博士論文．
16) エデルスブルナー，H. 著，今井　浩・今井桂子共訳（1995）：組合せ幾何学のアルゴリズム，共立出版．
17) 浅野哲夫（1990）：計算幾何学，朝倉書店．
18) 浅野哲夫（2007）：計算幾何―理論の基礎から実装まで―，共立出版．
19) 今井　浩・今井桂子（1994）：計算幾何学，共立出版．
20) 杉原厚吉（1994）：計算幾何工学，培風館．
21) ドバーグ，M. ほか共著，浅野哲夫訳（2000）：コンピュータ・ジオメトリ―計算幾何学：アルゴリズムと応用，近代科学社．
22) 浅野哲夫・小保方幸次（2002）：LEDAで始めるC/C＋＋プログラミング―入門からコンピュータ・ジオメトリまで―，サイエンス社．

6 空間統計学入門

6.1 イントロダクション

 ある領域Dのいくつかの地点において,興味の対象となる変数y(例えばワンルームマンションの月家賃)が観測されているとする.特に地点uにおける変数の値を$y(u)$と表す.このとき,距離が近い2地点の値の出方は,遠い2地点のそれよりも似ている傾向がみられることが多い.一般に,2変数vとwの値の出方に関係がある(vが増加するとwも増加する,あるいはvの増加がwの減少に対応している)とき,vとwは相関があるという.ここで問題としているのは,同一の変数yの異なる2地点の値の出方の関係なので,空間的自己相関という.その傾向の強さを,1次元の値の符号や大きさで表すような指標があれば便利であろう.6.2節では,傾向の強さの定量的な指標である空間的自己相関指標を紹介する.
 また興味の対象となる変数yの観測されていない地点での値を予測することは,空間データを分析する場合の大きな目的の1つである.興味の対象となる変数の観測値,観測地点間の位置関係,および観測地点と観測しようとする地点との位置関係などを考慮に入れて,興味の対象となる変数の値を予測することを空間予測という.6.3節では,クリギングと呼ばれる空間予測のための統計的手法を解説する.
 6.4節には,本章を読むのに必要な統計学の概念を簡潔にまとめた.適宜参照されたい.

6.2 空間的自己相関

領域 D の n 個の地点 $u_1, \cdots, u_n$ において興味の対象となる変数 y の観測値が得られており，それらを $y_1 = y(u_1), \cdots, y_n = y(u_n)$ と表す．空間的自己相関指標は，一般に

$$\frac{\sum_{i=1}^{n} \sum_{j=1}^{n} w_{ij} \mathrm{sim}_{ij}}{\sum_{i=1}^{n} \sum_{j=1}^{n} w_{ij}} \tag{1}$$

で定義される．ここで sim_{ij} は y_i と y_j の類似度（具体的な形は後述する），また w_{ij} は u_i と u_j の近接性を表す重みである．例えば，地点 u_i，地点 u_j がそれぞれ領域 i と領域 j の代表点である場合，

$$w_{ij} = \begin{cases} 1 & i, j \text{ が境界線を共有している} \\ 0 & \text{共有していない} \end{cases}$$

というバイナリタイプの重みが考えられる．また u_i と u_j の距離 d_{ij} が，閾値 δ よりも近い場合だけに着目する

$$w_{ij} = \begin{cases} 1 & d_{ij} < \delta \\ 0 & d_{ij} \geq \delta \end{cases}$$

や，w_{ij} が d_{ij} の滑らかな減少関数である

$$w_{ij} = d_{ij}^{-\alpha}$$

（ここで α は正の定数）なども使われる．いずれにしても，式(1)は近接している (i, j) に対して，より大きな重みを与えるような sim_{ij} に関する重みつき平均である．

次に sim_{ij} の具体的な形を与える．$\bar{y}$ を標本平均 $(1/n)\sum_{k=1}^{n} y_k$ として，

$$\mathrm{sim}_{ij} = \frac{(n-1)(y_i - y_j)^2}{2 \sum_{k=1}^{n} (y_k - \bar{y})^2} \tag{2}$$

で与えられる指標(1)を Geary's c という．以後，単に c と書く．c は 0 から 2 の間の値をとる．特に $w_{ij} \neq 0$ となるすべての組に対して，$y_i = y_j$ が成り立つとき，つまり極端な正の空間的相関があるとき，c が 0 となることは容易にわかる．逆に近接する y_i と y_j が似ていない組合せが多ければ，各 sim_{ij} が大きくなり，c も大きくなる．またすべての y を a 倍しても sim_{ij} は不変であり，c は計測する単位に依存しない指標であることがわかる．

別の指標として，sim_{ij} が，

6.2 空間的自己相関

$$\text{sim}_{ij} = \frac{n(y_i - \bar{y})(y_j - \bar{y})}{\sum_{k=1}^{n}(y_k - \bar{y})^2} \tag{3}$$

で与えられるとき，指標(1)を Moran's I という．以後単に I と書く．式(3)の分子に注目すると，y_i, y_j 平面の原点を $(\bar{y}, \bar{y})$ にシフトしたときに第一象限と第三象限に値をとれば（すなわち y_i が小さければ y_j も小さい，y_i が大きければ y_j も大きい，という関係にあれば），分子は正の値をとる．逆の関係にあれば，負の値をとる．この解釈は通常の相関係数と同じであり，実際形が非常に似ているが，I は必ずしも -1 から 1 の間に収まらないので注意が必要である．c と同様に y の単位のとり方によらない指標であることもわかる．

どの程度これらの指標が大きければ（あるいは小さければ）空間的相関があると判断すればよいかを議論するためには，統計的検定が有用である．統計的検定は背理法の確率の概念をもち込んだものである．通常の背理法では，ある仮説を立てて議論を進めた結果が所与の条件と矛盾する場合にその仮説を否定する．統計的検定は，ある仮説のもとでは「観測された事象あるいはそれ以上に起こりにくい事象」が起こる確率が非常に小さい場合に，それを矛盾と考えて，仮説を否定するものである．

統計学の枠組みでは，測定された値を確定した真の値とはみなさず，その観測値が得られた背後に確率的構造を仮定する．つまり，これまで述べてきた観測値 $y(u)$ は，ある確率分布に従う確率変数である $Y(u)$ の実現値であると考える．以後，特に断らない限り，大文字で確率変数，小文字で実現値を表す．

空間的自己相関指標の検定のためには，通常，

H_0：領域 D 全域で期待値 $E[Y(u)]$ が一定であり，かつ空間的相関がない，つまり地点の近さと Y の値の出方は無関係

を仮定して，観測値から計算される c や I の値が H_0 のもとでどれくらい起こりにくいかを調べる．複数の検定方法が知られているが，ここでは最も単純な並べ替え検定を紹介する．仮説 H_0 のもとでは，つまり領域 D 全体で均一な構造をしており空間的相関がなければ，$y_1, \cdots, y_n$ の値の組を $u_1, \cdots, u_n$ の n 個の地点にどのように割りつけたとしても，同様に確からしい．例えば $n=5$ のとき，地点 $(u_1, \cdots, u_5)$ から $(y_1, y_2, y_3, y_4, y_5)$ が得られるのも，$(y_4, y_1, y_5, y_2, y_3)$ が得られるのも，また $(y_3, y_5, y_2, y_1, y_4)$ が得られるのも同程度に確からしいはずである（図6.1）．このような並べ替えは，$n=5$ であれば $5!$ 通りある．一般には $n!$ 通りの並べ替

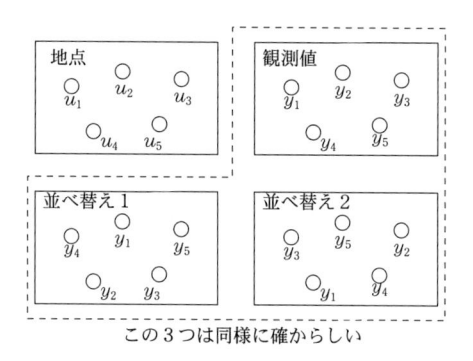

```
┌─────────────────────┐ ┌─────────────────────┐
│ 地点                │ │ 観測値              │
│      ○   ○         │ │      ○   ○         │
│     u₁   u₂   ○    │ │     y₁   y₂   ○    │
│              u₃    │ │              y₃    │
│       ○   ○        │ │       ○   ○        │
│      u₄  u₅        │ │      y₄  y₅        │
└─────────────────────┘ └─────────────────────┘
┌─────────────────────┐ ┌─────────────────────┐
│ 並べ替え1           │ │ 並べ替え2           │
│      ○   ○         │ │      ○   ○         │
│     y₄   y₁   ○    │ │     y₃   y₅   ○    │
│              y₅    │ │              y₂    │
│       ○   ○        │ │       ○   ○        │
│      y₂  y₃        │ │      y₁  y₄        │
└─────────────────────┘ └─────────────────────┘
```
この3つは同様に確からしい

図 6.1 観測値の並べ替え

えがあり，それらがすべて同程度に起こりやすいことになる．もちろん c や I を $n!$ 通りの場合それぞれについて計算可能である．

例えば c を用いて正の空間的相関があることを主張したいとする．$n!$ 通りの c の値を昇順に並べ替えたとき，実際の観測値に基づく c が上位 5% に入っていれば，仮説 H_0 を棄却し，領域 D においては Y の値の出方に正の空間的相関があると判断することになる．

本節で述べた空間的自己相関指標，およびそれを用いた検定についての注意点として，統計的検定を行う際の仮説 H_0 のなかの「領域 D 全体で $E[Y(u)]$ が一定」が強すぎる仮定であることがあげられる．例えば，平均が一定ではなく，領域 D の右上端 D_0 では，他の領域よりも $E[Y(u)]$ が大きいと仮定する．このとき，空間的相関がまったく存在しなくても，c が小さくなる傾向がある．平均が一定であることを仮定しない空間的自己相関指標も考えられているが，紙面の都合で割愛する．いずれにしても，単純な c や I のみを使って空間的自己相関を議論するのは勧められない．

6.3 空間予測

6.3.1 モデル

本節では，空間予測の問題を考える．先に述べたとおり，地点 u での観測値 $y(u)$ は，ある分布に従う確率変数 $Y(u)$ の実現値とみなす．$Y(u)$ は地点 u ごとに期待値 $E[Y(u)]$ をもち，$E[Y(u)]$ を中心として分布する．ここで $Y(u)$ は，

関係すると考えられる要因についての線形関数として，近似的に説明できると仮定する．一般には要因が複数考えられるが，ここでは簡単のため1つの要因 x のみを考え，x の地点 u での値を $x(u)$ と書く．例えば，A 駅を中心とする半径 2 km の同心円内を D とし，D 内の地点 u におけるワンルームマンションの月家賃を $Y(u)$ とする．このとき月家賃を説明するのに，最寄り駅である A 駅から地点 u までの距離 $x(u)$ は有力な要因といえるであろう．具体的には $E[Y(u)]$ が定数項と $x(u)$ の線形和

$$E[Y(u)] = \beta_0 + \beta_1 x(u) \tag{4}$$

（係数 β_0, β_1 は未知）で表されるというモデルを考える．通常説明変数 $x(u)$ には確率的な構造を考えず，固定された既知の値として扱う．空間統計学では，モデル (4) を普遍クリギングモデル（universal kriging model）という．より単純に定数項だけの場合，つまり β_0 を未知として，$E[Y(u)] = \beta_0$ とするモデルを，通常クリギングモデル（ordinary kriging model）という．さらに簡単に β_0 が既知の場合を単純クリギングモデル（simple kriging model）というが，式 (4) において β_0, β_1 が既知としても，$E[Y(u)]$ が既知となるので，広い意味で単純クリギングモデルといえる．本章では，最も一般的な普遍クリギングモデルにおける予測問題を扱う．

6.3.2 定 常 性

一般に確率変数 $Z(u)$ の平均が地点 u によらず一定，つまり

$$E[Z(u)] = \mu \tag{5}$$

であり，地点 u と w での値の共分散が

$$\mathrm{Cov}(Z(u), Z(w)) = \sigma_*(u-w) \tag{6}$$

のように u と w の相対的位置のみに依存するとき，$Z(u)$ は定常過程（stationary process）であるという．このとき $Z(u)$ の分散は $\sigma_*(0)$ であり，位置を問わず一定である．

6.3.1 項で紹介した通常クリギングモデルは式 (5) を満たすので，式 (6) を満たせば定常である．一方，普遍クリギングモデルでは $E[Y(u)]$ は一定ではなく，定常性の仮定を満たさない．しかし誤差項 $e(u) = Y(u) - E[Y(u)]$ は平均が 0 で一定であるので，普遍クリギングモデルでは $e(u)$ に定常性の仮定をおいて議論する．

さて，統計学では2つの確率変数の出方の傾向を議論する場合，共分散で特徴づけることが標準的であるが，伝統的に空間統計学では，バリオグラム（variogram）あるいはセミバリオグラム（semivariogram）と呼ばれる量が使われる．セミバリオグラムは，

$$\gamma(u,w) = \frac{1}{2}E[(Z(u)-Z(w))^2] \tag{7}$$

で定義され，セミバリオグラムの2倍をバリオグラムという．定常過程と同様に，$Z(u)$が式(5)を満たし，$Z(u)$と$Z(w)$のセミバリオグラムが

$$\gamma(u,w) = \gamma_*(u-w) \tag{8}$$

のように，2地点の相対的位置のみに依存する場合，$Z(u)$は本質的定常（intrinsically stationary）であるという．$Z(u)$が定常過程ならば，セミバリオグラムは

$$\gamma(u,w) = \sigma_*(0) - \sigma_*(u-w) \tag{9}$$

のように，2地点の相対的位置$u-w$のみに依存する形で書ける．したがって，定常過程は本質的定常であることがわかる．

さて式(6)と式(8)は，ともに2地点u,wの相対的位置$u-w$の関数である．例えば，同距離であってもuとwが南北に並ぶ場合と東西に並ぶ場合を区別する．方角の違いを区別せず，2地点間の距離のみに依存することを等方性（isotropic）という．等方性のもとでは，$\sigma_*(u-w)$と$\gamma_*(u-w)$はそれぞれ

$$\sigma_*(u-w) = \sigma^*(\|u-w\|), \quad \gamma_*(u-w) = \gamma^*(\|u-w\|) \tag{10}$$

のようにuとwのユークリッド距離$\|u-w\|$のみの関数として表される．

次項では，地点間の共分散を既知と仮定して，予測量を導出する．しかし，実際は未知であるので，最終的には共分散を推定する必要がある．定常でかつ等方性をもつ共分散の推定問題は6.3.5項で扱う．

6.3.3 予測量

予測問題とは，n地点$(u_1, \cdots, u_n)$の観測値が与えられているときに，未観測地点u_0での値をできるだけ上手にいいあてる問題である．正確に書くと，普遍クリギングモデル(4)である

$$Y(u_i) = \beta_0 + \beta_1 x(u_i) + e(u_i), \quad i=1,\cdots,n \tag{11}$$

なる関係から観測値$y(u_1), \cdots, y(u_n)$が得られるときに，未観測地点u_0において

$$Y(u_0) = \beta_0 + \beta_1 x(u_0) + e(u_0)$$

6.3 空間予測

に従って生成される $Y(u_0)$ を観測値 $\boldsymbol{y}=(y(u_1),\cdots,y(u_n))'$ の関数 $\delta(\boldsymbol{y})$ でなるべく正確に予測する問題である．なお，ここで ′ は転置を表すので，ベクトル $\boldsymbol{y}$ は縦ベクトルである．今後特に断らない限り，ベクトルは縦ベクトルで表し，また $\boldsymbol{y}$ のように太字で書く．

予測量 δ の精度を評価する尺度として，二乗誤差

$$L(\delta(\boldsymbol{y}), Y_0) = (\delta(\boldsymbol{y}) - Y_0)^2 \tag{12}$$

を採用する．ただしこれは確率的に変動する量なので，その（Y と Y_0 に関する）期待値である期待予測誤差 $E[(\delta(Y) - Y_0)^2]$ で予測量 δ のよさを評価する．もちろん期待予測誤差が小さい程，予測量の性能がよいということになる．

まず β_0, β_1 が既知の場合を考える．一般に観測値 $y(u_1), \cdots, y(u_n)$ に関して線形な予測量

$$b_1 y(u_1) + \cdots + b_n y(u_n) + c = \boldsymbol{b}'\boldsymbol{y} + c \quad (\boldsymbol{b} = (b_1, \cdots, b_n)',\ c \text{ はスカラー}) \tag{13}$$

の期待予測誤差は

$$\{(\boldsymbol{b}'X - \boldsymbol{x}_0)\beta + c\}^2 + \boldsymbol{b}'\Sigma_{YY}\boldsymbol{b} + \sigma_{00} - 2\boldsymbol{b}'\boldsymbol{\sigma}_{Y0} \tag{14}$$

と計算される．ただし，σ_{00} は $Y(u_0)$ の分散，Σ_{YY} は $Y = (Y(u_1), \cdots, Y(u_n))'$ の分散共分散行列，$\boldsymbol{\sigma}_{Y0}$ は Y と $Y(u_0)$ の共分散ベクトル，また

$$X = \begin{pmatrix} 1 & x(u_1) \\ \vdots & \vdots \\ 1 & x(u_n) \end{pmatrix}, \quad \boldsymbol{x}_0 = (1, x(u_0)), \quad \beta = \begin{pmatrix} \beta_0 \\ \beta_1 \end{pmatrix}$$

である．式(14)を $\boldsymbol{b}$ と c に関して偏微分して 0 とおいた連立方程式を解くと，解は

$$\boldsymbol{b}_{opt} = \Sigma_{YY}^{-1} \boldsymbol{\sigma}_{Y0}, \quad c_{opt} = (\boldsymbol{x}_0 - \boldsymbol{\sigma}'_{Y0}\Sigma_{YY}^{-1}X)\beta \tag{15}$$

となる．式(15)で与えられる解が式(14)の期待予測誤差を実際に最小化していることは容易にわかる．したがって，β が既知のもとで最良な線形予測量は

$$\begin{aligned}\delta_1(\boldsymbol{y}, \beta) &= \boldsymbol{b}'_{opt}\boldsymbol{y} + c_{opt} \\ &= \boldsymbol{\sigma}'_{Y0}\Sigma_{YY}^{-1}\boldsymbol{y} + (\boldsymbol{x}_0 - \boldsymbol{\sigma}'_{Y0}\Sigma_{YY}^{-1}X)\beta\end{aligned} \tag{16}$$

である．

しかし，通常 β は未知なので，重回帰モデル式(11)において誤差項の分散共分散行列が Σ_{YY} である場合の自然な推定量である，一般化最小二乗推定量

$$\hat{\beta}_{GLS} = (X'\Sigma_{YY}^{-1}X)^{-1} X'\Sigma_{YY}^{-1}\boldsymbol{y} \tag{17}$$

でおきかえる．この予測量

$$\delta_1(\boldsymbol{y}, \hat{\beta}_{GLS}) = \{\boldsymbol{\sigma}'_{Y0}\Sigma_{YY}^{-1} + (\boldsymbol{x}_0 - \boldsymbol{\sigma}'_{Y0}\Sigma_{YY}^{-1}X)(X'\Sigma_{YY}^{-1}X)^{-1}X'\Sigma_{YY}^{-1}\}\boldsymbol{y} \tag{18}$$

は，$E[Y]=X\beta$ に注目すると，
$$E[\delta_1(\boldsymbol{y},\hat{\boldsymbol{\beta}}_{GLS})]=\boldsymbol{x}_0\beta=E[Z_0] \tag{19}$$
を満たす．式(19)は予測量 $\delta_1(\boldsymbol{y},\hat{\boldsymbol{\beta}}_{GLS})$ が，予測したい対象である Z_0 と同じ期待値を中心として分布することを意味するので，望ましい性質である．この性質を不偏性（unbiasedness）という．実は $\delta_1(\boldsymbol{y},\hat{\boldsymbol{\beta}}_{GLS})$ は，β が未知の場合に，不偏性 $E(\boldsymbol{b}'\boldsymbol{y}+c)=E(Y_0)$ を満たす線形予測量のクラスのなかで，期待予測誤差を最小にすることが知られている．式(18)は普遍クリギング予測量（universal kriging predictor）と呼ばれる．

さて，本項では6.3.2項で扱った定常性を仮定せずに議論してきた．もし誤差項 $e(u)$ が定常過程であるとすると，各地点での誤差項の分散は共通で $\sigma_*(0)$ と表せることは，6.3.2項で述べた．このとき，分散共分散行列の各成分を共通の分散 $\sigma_*(0)$ で割ると相関係数が得られる．つまり，
$$\Psi_{YY}=\frac{1}{\sigma_*(0)}\Sigma_{YY} \tag{20}$$
は，対角成分がすべて1で，非対角成分 (i,j) が式(38)で定義される $e(u_i)$ と $e(u_j)$ の相関係数であるような相関係数行列である．同様に，
$$\phi_{Y0}=\frac{1}{\sigma_*(0)}\sigma_{Y0} \tag{21}$$
は，i 番目の成分が $e(u_0)$ と $e(u_i)$ の相関係数であるベクトルである．したがって，一般化最小二乗推定量(17)と普遍クリギング予測量(18)は，Σ_{YY} と σ_{Y0} をそれぞれ Ψ_{YY} と ϕ_{Y0} でおきかえても同じである．つまり普遍クリギング予測量は，観測地点間および観測地点と観測しようとする地点との相関係数の関数になっており，各地点でのばらつき $\sigma_*(0)$ には依存しないことがわかる．

6.3.4 分散共分散行列のモデル

6.3.3項では Σ_{YY} および σ_{Y0} が既知として予測量を導出した．実際には，これらは未知なので，データから推定する必要がある．Σ_{YY} は $n\times n$ の行列であり，対称性（(i,j) 成分も (j,i) 成分もともに $Y(u_i)$ と $Y(u_j)$ の共分散である）を考慮すると $n(n+1)/2$ 個の成分をもつ．これらの成分をモデルを何も仮定しないまま Y の n 個の観測値から推定しようとしてもうまくいかない．また σ_{Y0} は，既観測点と未観測点の共分散ベクトルであり，そもそも推定のためのデータがない．

6.3 空間予測

そこで，分散共分散行列の挙動（したがってその成分である2地点間の共分散の挙動）を適切に制約するようなモデルが必要になる．そこでまず $e(u)$ が

A1：等方性をもつ定常過程であり，
A2：2地点間の距離が h であるとき，共分散 $\sigma^*(h)$ が h の非増加関数であり，
A3：2地点が十分離れているとき無相関，つまり
$$\lim_{h\to\infty}\sigma^*(h)=0$$
A4：$\sigma^*(h)$ が原点で不連続で，特に
$$\sigma^*(0)>\lim_{h\to 0}\sigma^*(h)$$
を満たすと仮定する．このときセミバリオグラム $\gamma^*(h)$ は
$$\gamma^*(h)=\sigma^*(0)-\sigma^*(h) \tag{22}$$
と書けるので，

1. $\gamma^*(h)$ が h の非減少関数であり，
2. $\gamma^*(h)$ の $h\to\infty$ での極限が存在し
$$\lim_{h\to\infty}\gamma^*(h)=\sigma^*(0)$$

が従う．この極限値 $\sigma^*(0)$ のことをシル (sill) という．もし $h\geq h_0$ に対して $\sigma^*(h)=0$ （$\gamma^*(h)=\sigma^*(0)$）となる h_0 があれば，その h_0 をレンジ (range) という．また，セミバリオグラムの定義から $\gamma^*(0)=0$ であるが，A4より $\gamma^*(h)$ も原点で不連続となり，$\lim_{h\to 0}\gamma^*(h)=a>0$ なる極限をもつ．このようにセミバリオグラムが原点で不連続となる現象をナゲット効果といい，その極限値 a をナゲットという．図6.2は，セミバリオグラムの形状とその特徴量を図示している．

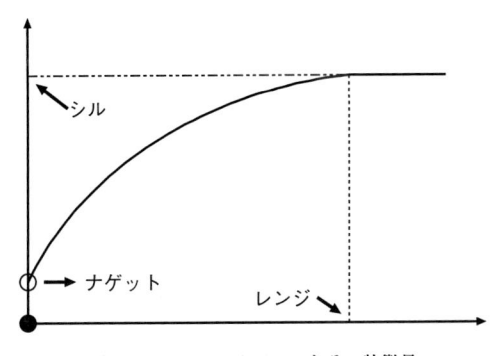

図6.2 セミバリオグラムとその特徴量

以下では，前述の形状をもつ共分散関数に対するいくつかのモデルを紹介する．対応するセミバリオグラムは，式(22)の関係によって容易に得られる．最も単純なのは，線形モデル（linear covariance model）

$$\sigma^*(h, \boldsymbol{\theta}) = \begin{cases} \theta_0 + \theta_1 & h = 0 \\ \theta_1 - \theta_2 h & 0 < h \leq \theta_1/\theta_2 \\ 0 & h > \theta_1/\theta_2 \end{cases} \quad (23)$$

である．ナゲットが θ_0，シルが $\theta_0 + \theta_1$，レンジが θ_1/θ_2 となる．しかし，この共分散をもつ $Z_1, \cdots, Z_n$ の線形和 $b_1 Z_1 + \cdots + b_n Z_n$ の分散を計算したとき，$(b_1, \cdots, b_n)$ の選び方によっては，負になる場合がある．このため，実際にはあまり使われず，次にあげるような非線形モデルが用いられる．

球型モデル（spherical covariance model）は，$\theta_0, \theta_1, \theta_2$ を非負の数として，

$$\sigma^*(h, \boldsymbol{\theta}) = \begin{cases} \theta_0 + \theta_1 & h = 0 \\ \theta_1(1 - \{3/2\} h/\theta_2 + \{1/2\} \{h/\theta_2\}^3) & 0 < h < \theta_2 \\ 0 & h \geq \theta_2 \end{cases} \quad (24)$$

と表される．ナゲットが θ_0，シルが $\theta_0 + \theta_1$，レンジが θ_2 となる．この球型モデルは，もともと3次元空間のモデルのために考えられたが，2次元の場合でも共分散関数として意味をなす．欠点として，次項で紹介する最尤法によるパラメータの推定を行う際に，尤度関数が複数の峰をもち，よって複数の極大解をもつ場合が多いことが報告されている．

別のモデルとして，$\theta_0, \theta_1, \theta_2$ を非負，$0 < \nu \leq 2$ とした

$$\sigma^*(h, \boldsymbol{\theta}, \nu) = \begin{cases} \theta_0 + \theta_1 & h = 0 \\ \theta_1 \{\exp(-\theta_2 h^\nu)\} & h > 0 \end{cases} \quad (25)$$

がよく知られている．ナゲットは θ_0，シルは $\theta_0 + \theta_1$ である．理論的にはレンジは無限であるが，共分散は非常に速く0に収束する．$\exp(-3) \fallingdotseq 0.04978 \fallingdotseq 0.05$ を用いて，$\{3/\theta_2\}^{1/\nu}$ を実用的なレンジとみなすことが多い．特に $\nu = 2$ の場合は，ガウス分布の確率密度関数に似ていることから，ガウス型モデル（Gaussian covariance model）と呼ばれる．ガウス型モデルは，数学的にきれいな性質をもつ．しかしそれゆえに，非現実的なモデルとなっている．例えば，ガウス型モデルに従う実軸上の確率過程 $Z(s)$ は原点付近の非常に小さい近傍 $s \in (-\varepsilon, 0]$ での観測値の集合があれば，任意の $t > 0$ の $Z(t)$ が完全に予測できることになるが，これは明らかに不自然である．また原点付近で2次関数の挙動をもち，予測量が

必要以上に滑らかになるので，使うことは推奨されていない．$\nu=1$ の場合を指数型モデル (exponential covariace model) という．特に理由がなければ，この指数型モデルを用いることを推奨する．

6.3.5 共分散の推定

本項では，6.3.4項で扱った共分散のモデルのパラメータの推定問題を考える．パラメータの推定量が得られると Σ_{YY} と σ_{Y0} も推定され，またそれらを式(18)にプラグインすることにより実用的な予測量が得られる．パラメータ推定として，伝統的な手法は他書（例えば間瀬と武田[1]）に紹介されているので，本項では通常あまり詳しく紹介されていない最尤法（maximum likelihood method）に基づくパラメータの推定方法について紹介する．

n 個の観測値を発生した回帰モデル(11)は，誤差項の分散共分散行列が Σ_{YY} であり，

$$E[Y]=X\beta, \quad \mathrm{Var}[Y]=\Sigma_{YY}$$

と簡潔に書ける．6.3.4項で紹介した共分散モデルの関数形を1つ固定し，それを一般に $\sigma^*(h,\theta)$ とする．このとき分散共分散行列 Σ_{YY} は θ の関数であり，観測地点 u_i と u_j の距離を h_{ij} として

$$\Sigma_{YY}=\begin{pmatrix} \sigma^*(0,\theta) & \cdots & \sigma^*(h_{1n},\theta) \\ \vdots & \ddots & \vdots \\ \sigma^*(h_{1n},\theta) & \cdots & \sigma^*(0,\theta) \end{pmatrix} \qquad (26)$$

と書ける．以後，簡単のため添字の $_{YY}$ を省略し，また θ の関数であることを明記して，$\Sigma(\theta)$ と書くことにする．

また最尤法を行うためには誤差項の従う分布を特定する必要があるので，それを多変量ガウス分布とする．このとき，Y の確率密度関数は，

$$\frac{1}{(2\pi)^{n/2}|\Sigma(\theta)|^{1/2}}\exp\left(-\frac{1}{2}(Y-X\beta)'\{\Sigma(\theta)\}^{-1}(Y-X\beta)\right) \qquad (27)$$

である．式(27)を未知パラメータ β,θ の関数とみたものを尤度関数（likelihood function）といい，尤度関数を最大にする β,θ が最尤推定量である．

式(27)において，どのような θ についても β の最適値は，

$$(Y-X\beta)'\{\Sigma(\theta)\}^{-1}(Y-X\beta)$$

を最小にする β であることはすぐにわかる．これは，6.3.3項で紹介した一般化

最小二乗推定量
$$\hat{\boldsymbol{\beta}}_{GLS}(\boldsymbol{\theta}) = (\boldsymbol{X}'\{\boldsymbol{\Sigma}(\boldsymbol{\theta})\}^{-1}\boldsymbol{X})^{-1}\boldsymbol{X}'\{\boldsymbol{\Sigma}(\boldsymbol{\theta})\}^{-1}\boldsymbol{Y} \tag{28}$$
(この段階で $\boldsymbol{\theta}$ が未知であるので，$\boldsymbol{\theta}$ の関数であることを明記した) にほかならない．したがって，$\hat{\boldsymbol{\beta}}_{GLS}(\boldsymbol{\theta})$ を式(27)にプラグインした尤度関数の $\boldsymbol{\theta}$ に関する最大化問題を考えればよい．プラグインした尤度関数の対数をとると，

$$-\frac{1}{2}(\boldsymbol{Y}-\boldsymbol{X}\hat{\boldsymbol{\beta}}_{GLS}(\boldsymbol{\theta}))'\{\boldsymbol{\Sigma}(\boldsymbol{\theta})\}^{-1}(\boldsymbol{Y}-\boldsymbol{X}\hat{\boldsymbol{\beta}}_{GLS}(\boldsymbol{\theta}))$$
$$-\frac{1}{2}\log|\boldsymbol{\Sigma}(\boldsymbol{\theta})| \quad (=l_1(\boldsymbol{\theta})) \tag{29}$$

となる．l_1 は明らかに $\boldsymbol{\theta}$ に関する非線形関数である．非線形関数の最適化に関しては，多くの理論と経験の蓄積があるが，本書のレベルを超えるため省略し，うまく最適解が見つかると想定する．$l_1(\boldsymbol{\theta})$ を最大にする解が最尤推定量 $\hat{\boldsymbol{\theta}} = (\hat{\theta}_1, \cdots, \hat{\theta}_r)'$ である．最尤推定量 $\hat{\boldsymbol{\theta}}$ を一般化最小二乗推定量 $\hat{\boldsymbol{\beta}}_{GLS}(\boldsymbol{\theta})$ に代入して，$\boldsymbol{\beta}$ の最尤推定量 $\hat{\boldsymbol{\beta}}_{GLS}(\hat{\boldsymbol{\theta}})$ が得られる．また $\hat{\boldsymbol{\theta}}$ を式(26)に代入することにより，$\boldsymbol{\Sigma}_{YY}$ の推定量 $\hat{\boldsymbol{\Sigma}}_{YY}$ が得られる．

さて普遍クリギング予測量(18)を計算するためには，さらに未観測地点と n 個の観測地点との共分散ベクトルである $\boldsymbol{\sigma}_{Y0}$ を推定する必要がある．観測地点 u_i と未観測地点 u_0 の距離を h_{i0} とすると，$\hat{\boldsymbol{\theta}}$ を代入することにより，$\boldsymbol{\sigma}_{Y0}$ の推定量

$$\hat{\boldsymbol{\sigma}}'_{Y0} = (\sigma(h_{10}, \hat{\boldsymbol{\theta}}), \cdots, \sigma(h_{1n}, \hat{\boldsymbol{\theta}})) \tag{30}$$

が得られる．最後に $\hat{\boldsymbol{\Sigma}}_{YY}$ と $\hat{\boldsymbol{\sigma}}_{Y0}$ を式(18)に代入すると，普遍クリギング予測量が計算できる．

実際のデータ解析において予測量を求めるとき，$\boldsymbol{\theta}$ の最尤推定量以外のステップについては，標準的な行列演算なので，どの統計ソフトウェアを使っても容易に計算できる．$\boldsymbol{\theta}$ の最尤推定量の計算には，*Mathematica* や Matlab などの非線形関数最大化のための関数を用いてもよいし，近年爆発的に普及している統計環境 R (http://www.r-project.org) にも非線形関数最大化のための関数がある．特に R のパッケージ geoR には，本章で紹介した空間予測のための最尤推定のための関数，およびそれを用いた普遍クリギング予測量の関数が用意されている．

6.4 統計学に関する補遺

6.4.1 確率変数，期待値，分散など

確率変数（random variable）は，いろいろな値をいろいろな確率でとる変数である．とりうる値が離散的である場合，値と確率の対応関係を関数として表現したものを確率関数（probability function）という．例えば，さいころの出た目を確率変数とすると

$$p(x) = 1/6, \quad x = 1, 2, 3, 4, 5, 6 \tag{31}$$

が確率関数である．より一般に，$a_1, \cdots, a_K$ をとる確率がそれぞれ $q_1, \cdots, q_K$（$q_1 + \cdots + q_K = 1$）であるような確率変数 X は，その確率関数が，

$$p(x) = q_i \text{ if } x = a_i \tag{32}$$

と表現される．この確率変数 X を繰り返し観測する状況を考え，その観測値を $x_1, \cdots, x_n$ とする．これらの値は a_1 から a_K のいずれかであり，n 個の観測値について a_i の度数（観測した回数）を d_i と書く．このとき，$x_1, \cdots, x_n$ の標本平均は

$$\bar{x} = \frac{\sum_{i=1}^{n} x_i}{n} = \sum_{j=1}^{K} a_j \frac{d_j}{n} \tag{33}$$

となる．n を大きくすると式(33)の各 d_j/n はそれぞれ q_j に近づくであろう．この極限値

$$\sum_{j=1}^{K} a_j q_j \tag{34}$$

を X の期待値（あるいは平均）といい，$E[X]$ と書く．さいころの場合は，$E[X] = 7/2$ になることは容易に確かめられる．

一方，とりうる値が連続的である場合，1点あたりの確率は0になるので，式(31)のような確率関数は定義できない．例えば，半径が1のルーレットを考えて，固定された起点から止まった針の位置までの時計回りの角度を θ とすると，θ は確率変数である．このとき $P(0 < \theta < x)$ は起点から角度 x までに針が止まる確率であるから，角度の割合 $x/(2\pi)$ となる．

$$P(0 < \theta < x) = \frac{x}{2\pi}, \quad 0 < x < 2\pi$$

これより，任意の x と $\varepsilon > 0$ について

$$P(x \leq \theta < x + \varepsilon) = P(0 < \theta < x + \varepsilon) - P(0 < \theta < x) = \frac{\varepsilon}{2\pi}$$

であるが，$\varepsilon \to 0$ とすると，

$$P(\theta = x) = 0$$

になる．つまり1点の確率は常に0となり，確率関数は定義できない．その代替物が確率密度関数（probability density function）である．これは，興味がある x の近くでの確率 $P(x \leq \theta < x+\varepsilon)$ と区間の長さ $\varepsilon\,(= |x+\varepsilon| - x)$ の比を考え，その $\varepsilon \to 0$ での極限

$$f(x) = \lim_{\varepsilon \to \infty} \frac{P(x < \theta < x+\varepsilon)}{\varepsilon}$$

を起こりやすさと定義するものである．したがって，$f(x)$ の値が大きいところほど，起こりやすい．その意味では，確率関数の解釈と同等である．ルーレットの例では，$f(x) = 1/(2\pi)\,(0 < x < 2\pi)$ と一定であり，円周上のどの角度も同様に起こりやすいことを意味する．連続確率変数の期待値は，

$$E[X] = \int_{-\infty}^{\infty} x f(x)\, dx \tag{35}$$

で定義される．「とりうる値に関する，起こりやすさを重みとした重みつき平均」という期待値の解釈は，離散確率変数の場合と同じである．

どの辺りを中心に分布しているかを表す平均（あるいは期待値）とともに重要なのが分散（variance）である．分散は，「平均との距離の二乗」の期待値として定義され，地点 u での分散は，

$$\mathrm{Var}(X) = E[\,|X - E[X]|^2\,] \tag{36}$$

となる．これは離散，連続に共通した定義である．したがって分散は，確率変数の実現値を繰り返し観測したとき，中心から散らばる傾向にあれば大きく，集中する傾向にあれば小さくなることがわかる．図6.3は，共通の平均に対して，分散が小さい場合（実線）と分散が大きい場合（破線）の密度関数を示している．

空間統計学においては，2地点 u と w での観測値の出方の傾向を把握することが重要である．一般に2つの確率変数 X と Y の出方の関係を表す量として共分散（covariance）が知られており，

$$\mathrm{Cov}(X, Y) = E[\,|X - E[X]|\,|Y - E[Y]|\,] \tag{37}$$

で定義される．式(37)の右辺の中身の関数は，X と Y の2次元平面において，原点をそれぞれの平均にシフトさせたとき，第1象限または第3象限に値をとる場合に正になる．図6.4の斜線領域が負になる領域である．つまり共分散は，X の

6.4 統計学に関する補遺

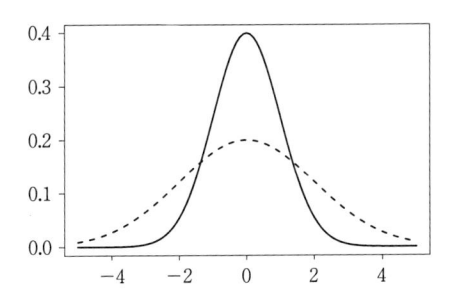

図 6.3 分散が小さい場合と大きい場合の密度関数

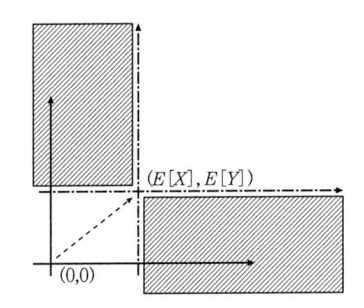

図 6.4 原点の移動，正となる領域

増加が Y の増加に対応するという正の相関関係にあるとき，正値をとる量である．ところで，共分散は単位のとり方に依存する量である．例えば，c_1X と c_2Y の共分散は $\mathrm{Cov}(X,Y)$ の c_1c_2 倍になる．そこで共分散をそれぞれの標準偏差（分散の平方根）の積で割った

$$\frac{\mathrm{cov}(X,Y)}{\sqrt{\mathrm{Var}(X)\mathrm{Var}(Y)}} \tag{38}$$

量を考える．これが相関係数（correlation coefficient）であり，$c_1c_2 > 0$ とすると，X と Y の相関係数と c_1X と c_2Y の相関係数は一致することがわかる．実は，相関係数のとりうる値は -1 から 1 の間であることが知られており．その符号は，共分散の解釈と同じく地点間の相関の正負に対応し，その絶対値の大きさが線形の関係の強さに対応している．

さて，連続な確率変数のなかで最も重要なのがガウス分布（Gaussian distribution）であり，平均が μ，分散が σ^2 のガウス分布の確率密度関数は，

$$f(x|\mu, \sigma^2) = \frac{1}{\sqrt{2\pi}\sigma} \exp\left(-\frac{(x-\mu)^2}{2\sigma^2}\right), \quad -\infty < x < \infty$$

である．$x=\mu$ にピークがあるので，平均 μ の辺りの値が最も出やすい．実は図6.3 は平均が 0 で分散が 1（実線）と 4（破線）の正規分布の密度関数である．ガウス分布の多変量版として，平均ベクトルが $\boldsymbol{\mu}$，分散共分散行列が Σ である p 変量ガウス分布の密度関数は，

$$f(\boldsymbol{x}|\boldsymbol{\mu}, \Sigma) = \frac{1}{(2\pi)^{p/2}|\Sigma|^{1/2}} \exp\left(-\frac{(\boldsymbol{x}-\boldsymbol{\mu})'\Sigma^{-1}(\boldsymbol{x}-\boldsymbol{\mu})}{2}\right)$$

で与えられる．

6.4.1 最 尤 法

ガウス分布の場合には μ や Σ は一般に未知である．観測値が得られたときに，その観測値を用いてこれらの未知パラメータをいいあてるのが，統計的推定（statistical estimation）である．未知パラメータの推定手法としてよく使われる手法が最尤法である．

もともと確率関数 $p(x|\theta)$ あるいは確率密度関数 $f(x|\theta)$ は，与えられたパラメータ θ に対して，どのような値が相対的に実現しやすいかを示している．一方，確率関数あるいは確率密度関数を θ の関数としてみるとき（このときの θ の関数を尤度関数という），パラメータの値が未知で，x の実現値が与えられたときに，どのパラメータ値からこの実現値が出やすかったかを示しているといえる．尤度関数を最大にするパラメータ値を最尤推定量という．

例えば，二項分布の成功確率の推定問題を考える．二項分布とは，表が出る確率が q であるようなコインを n 回投げて表の出た回数を確率変数とする分布のことであり，その確率関数は，

$$p(x|q) = \frac{n!}{x!(n-x)!} q^x (1-q)^{n-x} \tag{39}$$

で与えられる．成功確率 q が未知の二項分布で 20 回コインを投げたときに，表が出た回数が 14 回だったとする．式(39)において $n=20$, $x=14$ であるときに，$q=0.6, 0.7, 0.8$ を入れて計算すると，尤度関数の値がそれぞれ 0.1144, 0.1916, 0.1304 となる．つまり q の候補として 0.6, 0.7, 0.8 を考えると，起こった事象 $x=14$ の確率は $q=0.7$ と考えるときが最大である．このことからこれら 3 つ

の値のなかでは，$q=0.7$ が一番可能性が高いと考えることができる．より一般に式(39)を q の関数としてみると，$\hat{q}=x/n$ で最大となりこれが最尤推定量であることがわかる．$n=20$，$x=14$ の場合は 0.7 である．

別の例として，平均 μ と分散 σ^2 が未知であるガウス分布から n 個のデータ $x_1, \cdots, x_n$ が得られているときに μ と σ^2 の推定を考える．$(x_1, \cdots, x_n)$ の同時確率密度関数は，

$$\frac{1}{(2\pi)^{n/2}} \exp\left(-\sum_{i=1}^{n} \frac{(x_i-\mu)^2}{2\sigma^2}\right)$$

となり，これを μ と σ^2 の関数とみて，μ と σ^2 について最大化すると，合理的な推定量

$$\hat{\mu}=\bar{x}=\frac{\sum_{i=1}^{n} x_i}{n}, \quad \hat{\sigma}^2=\frac{\sum_{i=1}^{n}(x_i-\bar{x})^2}{n}$$

が得られる．

起こった事象を起こす確率が最も大きかったという考え方は必ずしも説得的ではないが，結果として合理的な推定量が得られることが多いこと，また最適解が明示的に表現できない場合でも，コンピュータを用いた数値解は常に得られることから，最尤法は未知パラメータを推定する際の最も標準的な手法である．

[丸山祐造]

引 用 文 献

1) 間瀬　茂・武田　純（2001）：空間データモデリング―空間統計学の応用，共立出版．

7 ビジュアライゼーション

7.1 ビジュアライゼーションとは

　抽象的な情報や概念をわかりやすく表現することをビジュアライゼーション（visualization）という．ビジュアライゼーションは，GISの分野において，さまざまな主題の空間的な分布を目にみえる形で示すために欠かせない，最も基本的な機能の1つといえる．自然環境や都市・社会を取り巻くさまざまなデータが手軽に入手できるようになり，情報過多に陥りつつある現在，いかに優れた分析を行っても，結果が効果的に示せなければ，分析や研究の成果が利用者に正しく伝わらないおそれがある[1]．本章では，地理情報を視覚的に表現する際に重要な主だった概念を紹介するとともに，その表現手法について述べる．

　地理的な情報を目にみえる形で表現することは，古くから地図を介して行われてきた[*1]．地図を効果的に表現する手法については，GISが登場するはるか前から研究が重ねられており，特に大航海時代や植民地政策などを経て，地理的な情報の重要性が認識されるに伴って，地図学（cartography）のいちじるしい趨勢をみた．さらに近年，GISの発達により，豊富な地図データを利用してさまざまな空間情報を示せるようになったことや，地図の作成自体が容易になったことから，適切な地図表現を用いることの重要性がますます高まっている．

　図7.1は，ビジュアライゼーションの分野で大きな業績をもつマッカクレン

[*1] 現存する地図のうち，どれが世界最古のものかは議論の分かれるところであるが，比較的古いものでは，推定1万5千年前とされるフランスのラスコーの洞窟壁画の一部や，トルコのチャタル・ヒュユクの壁画，イタリアのカモニカ渓谷の石版（図7.7参照）などがある．古代ギリシャ人の天文学者プトレマイオスが作成した地図は，世界ではじめて緯度・経度のもととなる概念を導入し，科学的な投影法を採用したもので，ルネッサンス時代の地図学の発展に大きく貢献したとされている．

7.2 主題のシンボル化

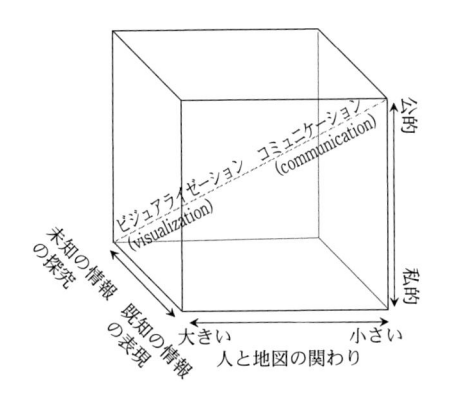

図7.1 地図の位置づけに関するダイヤグラム（MacEachren, 1994を一部改変）[2]

（MacEachren）による地図の位置づけを論じたダイアグラムである[2]．このダイヤグラムでは，ビジュアライゼーションがコミュニケーション（communication）の対極におかれている．すなわち，地図を介したコミュニケーションが既知の情報を利用者に伝達するプレゼンテーションであるとするなら，地図によるビジュアライゼーションとは，未知の地理情報を探究するために，地図とインタラクティブに関わる行為もしくはプロセスであるとする考え方である．この考え方を用いると，ビジュアライゼーションとは，必ずしも統計・解析的手法に依存することなく，さまざまな地理的な情報を解釈するための手段であるということができる．そして，われわれの地図との関わり方は，このダイヤグラムで示される表現空間のどこかにあてはまるという解釈が成り立つ．

7.2 主題のシンボル化

7.2.1 シンボル化とは

航測写真が実世界の様子を忠実に2次元平面に縮尺投影するのに対して，地図は実世界における特定の主題の空間的な分布状況をわかりやすく記録し，伝達するための手段であると考えられる．したがって，地図を作成する際には，必要のない情報を省略し，主題の分布を単純な記号でおきかえたり，近いものどうしを集計したりする一連の操作が行われる．これらの操作を広義にシンボル化といい，病院の所在地を赤い十字で示したり，鉄道網を ┼┼┼ 線で表すといった慣例表

現から，主題の分布状況を点，線，面などの単純な図形の組合せで表現するといった一般的な GIS 操作まで，さまざまな方法がある．そして，それらの図形を色分けしたり，大きさを変えることで，主題の分布状況をさらに効果的に表現することができる．

7.2.2 カラーモデル

　いくつかの変量を組合せて色彩を合成する際に用いる色空間をカラーモデルという．変量の種類によって，さまざまなカラーモデルがあるが，3種類の変量を用いるのが一般的であり，そのなかでも以下の3つのモデルが最もよく利用される．

　(1) RGB モデル：加色三原色（additive primary colors）と呼ばれるもので，赤（red），緑（green），青（blue）の濃淡の組合せで色彩を表現する．主に液晶画面やプロジェクタのように光源をもつものに使われ，画像処理ソフトなどでもよく利用される．

　　（例） RGB[0, 0, 0]＝黒，RGB[255, 0, 0]＝赤，RGB[255, 255, 255]＝白など．

　(2) CMY(K) モデル：減色三原色（subtractive primary colors）と呼ばれ，シアン（cyan），マジェンダ（magenta），黄色（yellow）の3色の濃淡の組合せで色彩を表現する．プリンタやプロッタからの出力のように，反射光を利用するものに使われる．なお，3色のインクを混合しても濃い黒が表現できないため，実際に印刷する際は，黒インクを併用することが多く，カラーモデル自体も黒（black）を加えた CMYK 表記を使うことがある．

　(3) HSV モデル：色相（hue），彩度（saturation），明度（value）の3要素で決定される．色相は虹のスペクトルのようなさまざまな色合いのなかから色彩を選択するための変量である．彩度は色の鮮やかさを表し，値が高くなればなるほど，無彩色（灰色）の配合が減って発色が鮮やかになる．これに対して，明度は色の明るさを表し，原色から明色（白）まで推移する．地図の色分けに際しては，HSV の3要素をそれぞれ個別に変更して調整することが多い．

　RGB，CMY(K)，HSV の各モデルの間には，以下のような関係がある（図7.2）．

7.2 主題のシンボル化

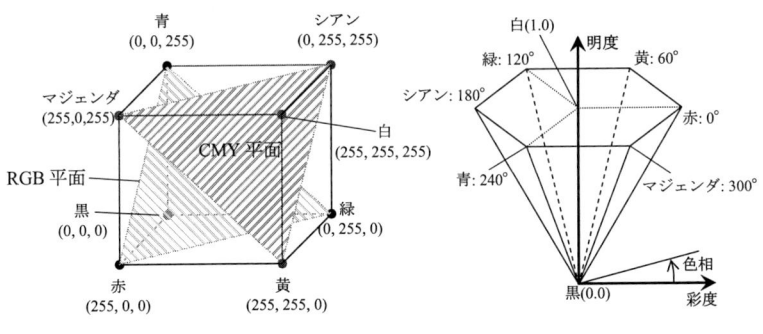

図 7.2 カラーモデルの対応関係

7.2.3 カラースキーム

地図の配色を決める際には，以上のようなカラーモデルが用いられるが，表現する主題によって，使われるカラースキームないし色分けの仕方はおのずと異なってくる．

(1) 逐次データのカラー表現（sequential color scheme）：主に単一の色相の濃淡によって，各地区における主題の変量の大小を示す．各都道府県の人口や，日本全国の都市における年間降水量など，連続した値を表すのに適している．明度や彩度の違いで色分けすると便利である（図 7.3(a)）．

(2) 双極データのカラー表現（divergent color scheme）：中間値をはさんだ 2 系統の色相やパターンの濃淡によって，各地区における変量が中間値から乖離している度合いを示す．各都道府県における過去 10 年間の人口増減や，アメリカ各州における共和党と民主党の支持率など，中間値をはさんで対比する変量を表すのに適している．明度や彩度の違いを用いて調整するのが一般的である（図 7.3(b)）．

(3) 定性データのカラー表現（qualitative color scheme）：コントラストの似通った複数の色相やパターンを用いて各地区の特色を示す[*2]．各都道府県において最も盛んな産業の種別や，アメリカ各州でそれぞれ最大人口を占める人種な

[*2] 名目データは，順位をもたない属性値であるため，その分布を表す際には，用いるすべてのカラーの印象の強さを等しくする必要がある．その際，色相のみをずらしてカラースキームを作成すればよいように思われるが，実際には，同じ明度と彩度をもつカラーどうしでも，印象の強さが違うため，強い印象を与えるカラーの明度を落とすなどの微調整が必要である（例えば，原色の赤と緑では，赤の方がよりはっきりとみえる）．

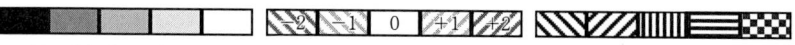

| (a) 逐次データ表現の例 | (b) 双極データ表現の例 | (c) 定性データ表現の例 |

図7.3 主なカラースキーム

ど，数量化に適さない名目データの表現に使われる（図7.3(c)）．

このほか，2つ以上の異なる主題の分布を同時に表す二変量データ表現（bi-variate color scheme）や，多変量データ表現（multi-variate color scheme）などもある．具体的には，三原色のうちの2色の濃淡などを用いて標高と年間平均気温の分布を表すといった使い方が考えられるが，複数の属性がすべてカラースキームで表現されるため，必ずしも利用者にわかりやすいとはいえない．複数の主題を同一の地図上で表現する場合には，基本となる主題を1つ選択して，上記のようなカラースキームを用いてベースマップを作成し，その他の主題を点記号や円グラフなどの形で重ねて表示するとわかりやすい．

上記のカラースキームは，現在，市販の多くのGISツールに実装されており，みためにきれいな地図が手軽に作成できる環境が整っている．しかし，主題の分布を適切に表現するためには，扱うデータの性質をよく理解した上で，目的に適ったカラースキームを選択することが重要である．主題の表現方法や使用するメディア（プリンタ，プロジェクタなど）の組合せを通して，効果的なカラースキームを探す学習用ツールとしては，ペンシルバニア州立大学のブルーワ（Brewer）[3]が開発したColor Brewerがウェブ上で公開されている．

7.2.4 シンボルの種類

GISで地図表現によく用いられるシンボルには，以下のようなものがある．データの特性と利用目的に応じて，適切なシンボルを選ぶ必要がある．

（1）単一シンボル（single symbol）：点や白丸など，1種類の記号を用いて主題の分布を表示するもので，単純ながら分布をみやすく表現できる．例えば，店舗の立地，樹木や人口の分布など，主題が離散的に分布しており，その属性を考慮する必要のない場合に適している．通常，単一シンボルには，点や四角形などの単純な図形が用いられるが，銀行やホテルのように，属性の異なる主題を同じ地図上で個別に表示するような場合には，それぞれの業種をイメージしやすい記号を使うとよい．なお，集計処理されたデータに単一シンボルを用いる場合，個

別の点の位置には意味はなく，むしろ点の分布で示される全体の密度が重要になってくる．例えば，図7.4(a)は，ニューヨーク州バッファロー市における1997～2004年の出生状況を表したものであるが，点の配置は各地区の出生数に基づいてGISツールがランダムに決定しているにすぎず，新生児の出生場所には対応していない．

(2) 固有値シンボル（unique value symbol）：主題のとるすべての値をそれぞれ固有のカラーないし記号で表示する方法で，有限個の要素からなる名目データの表現に向いている．しかし，要素の数だけクラスができる上に，地区間の大小・順位関係が不明になるので，順位・相対・絶対データの表現には向かない．例えば，図7.4の例に固有値をあてはめると，地図内の全45地区に対して，それぞれ独自の色を準備しなければならない．

(3) グラフ（chart）：地理的な位置情報よりも，各地区における属性値の分布形を示したい場合は，円グラフや棒グラフをベースマップに重ね合わせるとわかりやすい．ただし，地区の数が多くなるにつれてグラフの数も増えるため，グラフどうしが重なりやすくなったり，グラフのサイズが小さくなるといった不都合が生じる．したがって，比較的縮尺の大きな地図で，限られた地区のデータを比較する場合に用いるのが適切である（図7.4(b)）．

(4) 比例シンボル（proportional symbol）：主題のとる値を円や四角形などの単純な図形のサイズで表示する方法[*3]．相対データや絶対データの表現に向いている．シンボルの大きさがデータの値に比例して決定されるため，細かい値の違いも正確に表現できる一方，地区の数が多いと，サイズの比較が難しくなる（図7.4(c)）．

(5) 段階シンボル（graduated symbol）：比例シンボルと同様に，主題のとる値を円や四角形などの単純な図形で表す方法であるが，後述のクラス分け方法に従って，データを有限個のカテゴリーに分類して表示する点が違う．相対データや絶対データの表現に向いている．同じクラスに属する地区どうしは，たとえ値に多少の違いがあっても，まったく同じサイズのシンボルで表現されてしまうため，細かい値の差異の比較には向かないが，地区数が多くても，大まかな値の比

[*3] シンボルのサイズの正確な比率（conceptual ratio）と，われわれが実感するサイズの比率（perceptual ratio）の間には，10～15%程度のずれがある．最近のGISツールのほとんどは，われわれの実感に近い感覚比率を採用しているので，出力結果に違和感を感じることはないはずであるが，すべて手動でシンボルを作成する際には，そのことを考慮に入れてサイズの違いを強調する必要がある．

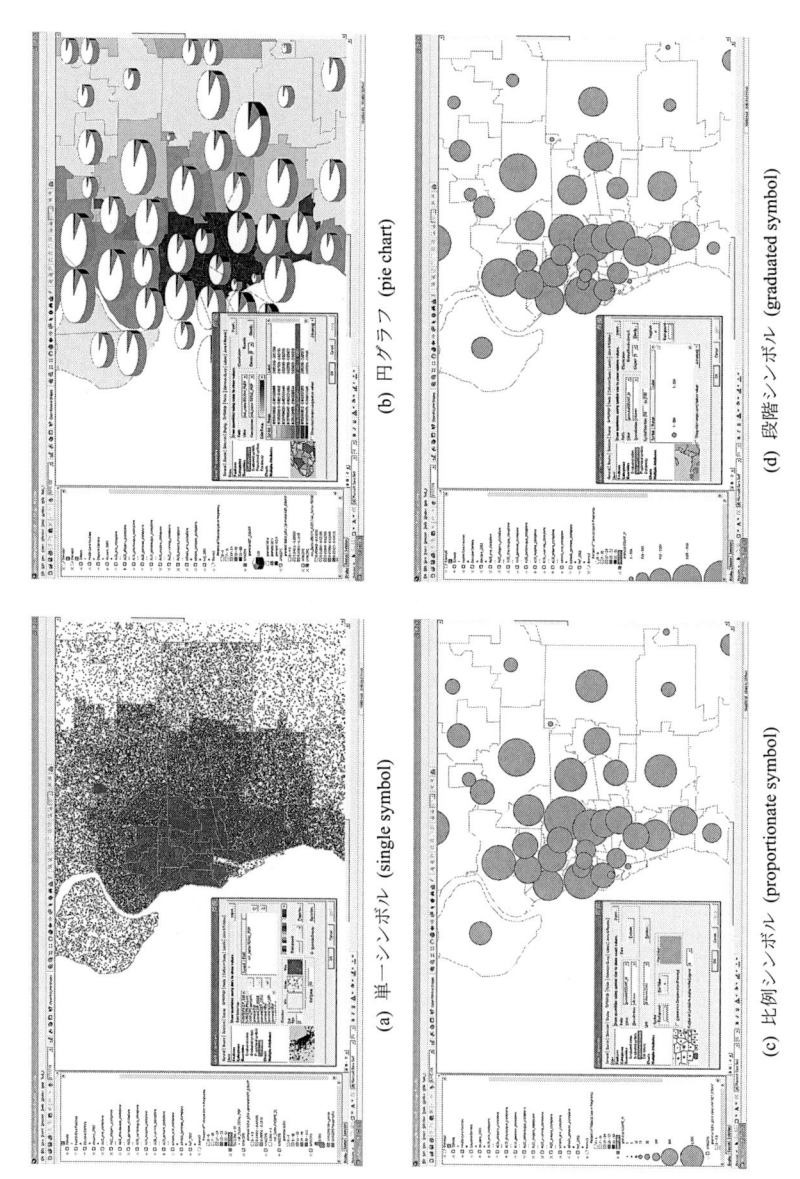

(a) 単一シンボル (single symbol)
(b) 円グラフ (pie chart)
(c) 比例シンボル (proportionate symbol)
(d) 段階シンボル (graduated symbol)

図 7.4 ニューヨーク州バッファロー市各地区における 1997〜2004 年の出生数の分布
(b) の円グラフは、正常児と低体重児の比率も表しており、背景のコロプレス図も低体重児の比率で色分けされている。

較がしやすいという利点がある（図7.4(d)）．

(6) 段階カラー（graduated color）：地図を作成する際の最も一般的な手法で，各地区を主題の値に応じて色の濃淡，色相の違いなどで表現する方法．段階シンボルと同様に，有限個のカテゴリーに分けて表現する[*4]（図7.4(b)の円グラフの背後の地図を参照されたい）．用いるカラースキーム次第で，逐次データのみならず，双極データや定性データも表現できるのが大きな特徴である．後述のコロプレス図とアイソプレス図は，いずれも段階カラーを用いて作成されている．

7.3 データの分類

7.3.1 データモデルと地図の対応

主題の分布を表現すると一口にいっても，扱うデータの特性によって，シンボルの向き不向きがある．例えば，段階カラーは，地図全域を有限個の地区に分割して色分けするような場合には適しているが，主題の分布を点データで表示したい場合には，他のシンボルを用いる方が効果的である．図7.5は，マッカクレン[4]の提唱したデータモデルと地図表現の対応関係を表したもので，GISで扱う主な主題を空間的な特性に応じて分類した試みといえる．図7.5の縦軸は，離散

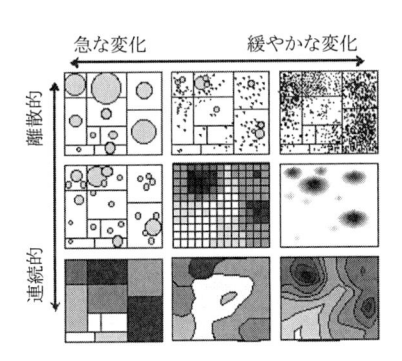

図7.5 データモデルに対応した地図表現（MacEachren, 1992を一部改変）[4]
縦軸が空間的な連続性を表すのに対して，横軸は数値的な連続性を表している．

[*4] 一般にカラースキームを用いる場合は，データを有限個のクラスに分類して色分けすることが多いが，理論的には，無段階，連続型の比例カラーによる色分けも可能である．その場合，判例には，色の濃淡や色相の変移を連続的に表した帯状のカラーサンプルと，サンプル上に等間隔にとった基準点における主題の値を示したものが用いられる．

型（discrete）と連続型（continuous）のデータの対比を通して，空間的な連続性を表している．すなわち，離散型データが民家の分布状況など，空間的に不連続な地点で観測される事象を指すのに対して，連続型データは，地表付近のNOxガスの観測濃度など，地図上の全地点で観測可能な変量を表す．これに対して横軸は，急な変化（abrupt）と緩やかな変化（smooth）を対比させることで，主題の属性値の連続性を表している．急な変化とは，各市区町村の人口のように，近接する地域間で主題の属性値が不連続に変化する事象を指すのに対し，緩やかな変化は，各市区町村における年間降水量のように，近接する地域間で値が徐々に変化する事象を表す．この両軸を組合せることで，さまざまなデータモデルの分類が可能となる．

7.3.2 データのクラス分け

比例シンボルと段階シンボルの対比は，実はカラースキームを利用する場合にもあてはまる．すなわち，ある主題の分布を表現する際，各地区における主題の属性値をそのまま反映するようにカラーやシンボルを決定する非分類型の地図（unclassed map）と，データを特定の数の段階（クラス）に分けて，クラスごとにカラーもしくはシンボルを与える分類型の地図（classed map）の2種類が考えられる．前者は，色の濃淡や色相の違いを用いて，最大値と最小値の間を無段階に変化するスペクトルのなかから主題の値に対応するカラーを選ぶのに対し，後者の場合は，段階カラーを用いるのが一般的である．前者は，各地区の正確な値を表現できる一方，地区の数が多い場合に全体の印象を表しにくいという難点がある．これに対して，後者は表現できる値がクラスの数によって制約されるものの，主題の分布が把握しやすいことから，後者が利用されることが多い[1]．なお，同じ色相ないし比例シンボルを用いる場合，クラスの数は7段階ぐらいまでが認識しやすいとされており，多数のクラスを用いる必要がある場合は，色相と彩度，シンボルのサイズとカラースキームなど，2種類以上の変量を併用すると，より判別しやすい[5]．

7.3.3 クラス分けの方法

それでは，データはどのような基準に基づいてクラス分けされるのだろうか．図7.6(a)～(d)は，ニューヨーク州バッファロー市内各地区の総世帯数に占める

7.3 データの分類

(a) 等間隔分類 (equal interval)

(b) 等量分類 (quantile)

(c) クラスタリングによる分類 (natural break)

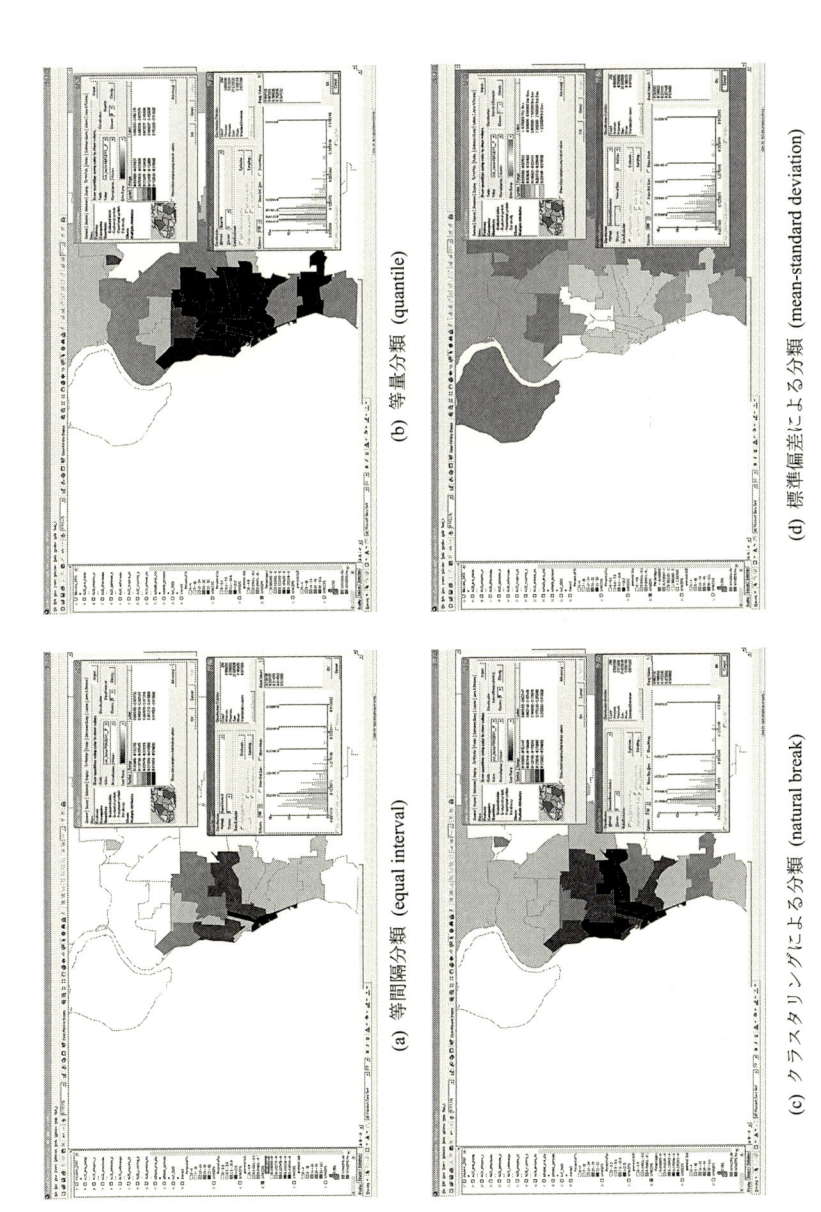

(d) 標準偏差による分類 (mean-standard deviation)

図 7.6 ニューヨーク州バッファロー市における 2000 年時点の貧困世帯の分布．いずれも 5 段階のクラスに分類されている．

貧困世帯の比率を表したもので，貧困世帯の比率が高い地区ほど，濃い色で塗り分けられている．いずれも空洞化の進んでいるダウンタウンに貧困世帯率の高い地区が集中する傾向を捉えてはいるものの，分類の仕方によって，地図の印象が違ってくることがわかる．GISでよく利用されるクラス分けの方法には，以下のようなものがあり，それぞれ表現するデータの種類や分布形によって，向き不向きがある．

　(1)　等間隔分類（equal interval）：最大値と最小値の間を，あらかじめ定められた数のクラスに等間隔に分ける方法．データの量が多くて値のばらつきが大きい場合には向いているが，値が狭い領域に集中していると，特定のクラスに振り分けられるデータが多くなってしまうおそれがある．例えば，図7.6(a)をみると，貧困世帯率の低いエリアすべてが白抜きになっており，貧困率が必要以上に控えめに表現されている．

　(2)　等量分類（quantile）：各クラスに入るデータの個数が等分になるように分ける方法．値が狭い領域に集中している場合でも，特定のクラスへの偏りは避けられる．しかしながら，多くのデータが近い値をもっている場合は，その値の付近のデータが必要以上に細かく分類されてしまう傾向がある．例えば，図7.6(b)では，貧困世帯率の低い地区が必要以上に沢山のクラスに分類されてしまい，結果として，貧困世帯率が若干でも高い地区はすべて黒で強調されている．

　(3)　クラスタリング分類（natural break）：データをあらかじめ定められた数のクラスに非階層的にクラスタリングする方法．クラスの間隔やクラスに入るデータの数による制約を受けず，類似するデータごとにクラス分けされることから，自然な印象を与えることができる．しかしながら，実際にはデータの分布形と与えるクラスター数によって結果が大きく異なることから，データの特徴をよく理解することが重要である（図7.6(c)）．

　(4)　標準偏差による分類（mean-standard deviation）：平均値からの乖離度に基づいてクラス分けする方法．データが正規分布に近い場合はきれいに色分けができるが，分布が非対称であれば，結果も不均一に表現されてしまう（図7.6(d)）．ただし，クラスの偏り具合を通して，データの分布形をより詳しく理解できるという利点はある．

　なお，図7.6の例では，データのクラス分けに必要な最小値，最大値やクラス

タリング手法などをすべてGISツールに任せて自動処理させたが，それらの値や手法を恣意的に選ぶことも可能である．例えば，貧困世帯数の占める割合が10%を超えるエリアのみに着目したい場合，最小閾値を10%において，それ以下のエリアはすべて白抜きとするといった方法がある．これらの分類方法を用いる際に注意すべき点を解説したものにモンモニア[6]がある．

7.4 主題図の作成

7.4.1 コロプレス図

コロプレス図（choropleth map）は，ある現象の空間的な分布について，地区ごとに単一の値（平均値や最大・最小値など）で代表させて表現する分類型の主題図である（図7.6(a)〜(d)はコロプレス図である）．適切なクラス数と分類手法を用いれば，主題の分布をみやすく効果的に表現できる．コロプレス図は，その表現の明快さゆえに，人口密度や犯罪発生率など，さまざまなエリアデータの表示に用いられる．また，人口集中地区や歴史保存地区のような特定のエリアとその境界を明確に特徴づけられることから，都市計画・政策立案やマーケティングなどの場面で幅広く活用される．コロプレス図の作成にあたっては，以下の各点に留意する必要がある．

① 主題を集計することが理にかなっているか
② 集計単位の大きさは適切か（国，地方，都道府県，市町村，世帯など）
③ どのような代表値を使うべきか（総和，中間値，比率・密度など）

コロプレス図の作成に用いられる集計単位としては行政区がよく利用されるが，主題の性質や，集計単位の大きさ，代表値のとり方によっては，各地区における主題の分布がかえってつかみにくくなるおそれがある．例えば，日本全国における平均寿命の分布については，都道府県単位の男女別平均寿命によるコロプレス図を作成するのが適切であるのに対して，人口密度の分布をみる場合，同じように都道府県単位の平均値を採用すると，都市部と山間部を区別せずに平均値をとることになるため，必ずしも実用に向かない．この場合，より細かい市区町村レベルのデータを利用してコロプレス図を作成したり，5,000人ごとにドットを打つ単一シンボル表示に切りかえるなどの工夫が要求される．また，集計単位の大きさ以外にも，クラス数と分類方法によって地図の印象が違ってくるので，

用途に応じて，より適切な組合せを探すことが重要である（図7.6(a)〜(d)）．

7.4.2 アイソプレス図

アイソプレス図（isopleth map）または等値線地図は，ある現象の空間的な分布について，等しい値をもつ地点どうしを等値曲線で結んで，濃度・強度などの値の分布を表現する主題図である．身近な例では，等高線の入った地形図や，気圧の高低を表す等圧線の入った天気図などがあげられる．単一色で表示された地図を背景に等値曲線を描いたものを特に等値線地図，隣接する等値曲線で区切られた領域を色分けしたものをアイソプレス図と呼んで区別する場合もある．例えば，地形図上の標高の高低差を淡緑から茶までのグラデーションで示したり，水深を青色の濃淡で表す表現方法はわれわれにも馴染み深いが，これは同じ色のエリアが同じクラスの標高もしくは水深を共有していることを表している．

コロプレス図が離散的なデータの集計や社会・行政データの表現を得意とするのに対して，アイソプレス図は，大気の状態や地形，気圧など，空間的に連続かつ数値的に穏やかに変化するデータの表現に適している．気候帯や地質，植生，天然資源などの自然環境分野のデータから，人種，民族，言語，宗教などの人文・社会分野のデータに至るまで，行政単位に縛られないものであれば，すべてアイソプレス図を作成できる．また，アイソプレス図を行政境界に重ね合わせることで，県境や国境を越えて存在する分布パターンを明らかにすることもできる．

なお，アイソプレス図を作成するにあたっては，多数の観測地点における値に基づいて等値線を描画する作業が必要になる．しかし，データ数が不足している場合や，等値曲線の値をとる観測点がない場合には，観測地点間の値を推定する空間補間という手続きが必要になる．空間補間機能とアイソプレス図の作成機能は，市販のGISツールにも実装されていることが多いが，補間値の推定手法の選び方と出力される空間データの形式によって等値曲線の位置・形状が違ってくるので，分析の目的や望ましい出力の仕上りに合った手法や補間密度を選択することが重要である（図7.7(b)〜(d)，口絵1参照）．

7.4 主題図の作成

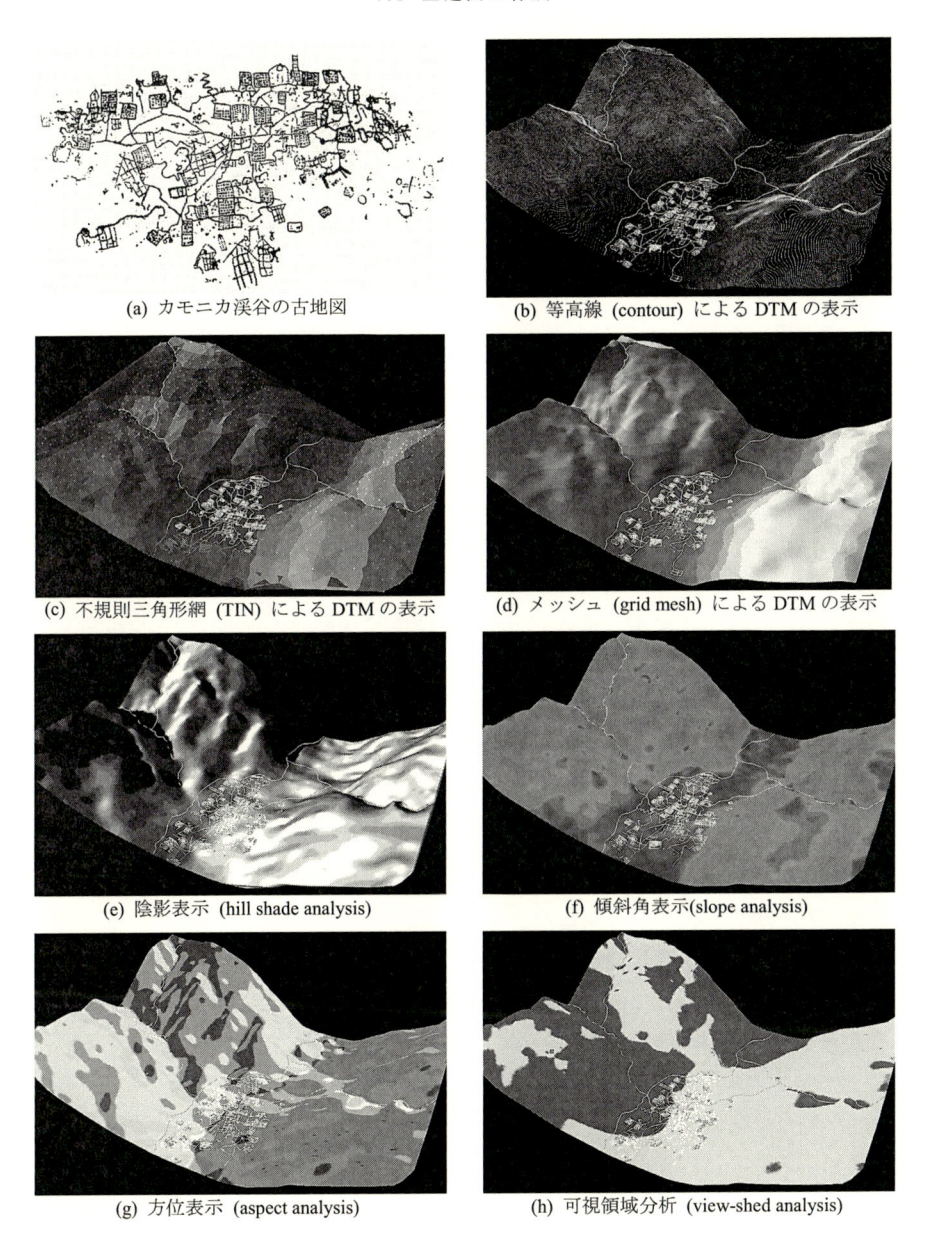

(a) カモニカ渓谷の古地図

(b) 等高線 (contour) による DTM の表示

(c) 不規則三角形網 (TIN) による DTM の表示

(d) メッシュ (grid mesh) による DTM の表示

(e) 陰影表示 (hill shade analysis)

(f) 傾斜角表示 (slope analysis)

(g) 方位表示 (aspect analysis)

(h) 可視領域分析 (view-shed analysis)

図 7.7 カモニカ渓谷周辺地域の 3 次元表現と 3 次元解析の例（塩出志乃氏（東京大学）作成・提供）

7.5 その他の地図表現

7.5.1 3次元表現

これまで述べてきた表現手法は，いずれも地表面もしくは対象領域を2次元平面に投影することを前提としていた．しかしながら，われわれの身のまわりの事象の多くは，3次元的な広がりをもっていることから，地図データも3次元的に表現した方がわかりやすい場合がある[*5]．例えば，都市内の建造物の階別データや，湖の異なる水深での二酸化炭素濃度の測定などを表現する場合には，3次元データの利用が便利である．

3次元表現の最大の利点は，x, y, z の3方向に広がる空間オブジェクトを扱えることにある．垂直方向の情報を導入することによって，起伏の激しい斜面の断面形状や，ビル街における日照・可視領域，地下水分布の3次元的な影響を正確に把握したり，気象状況や地盤崩壊のメカニズムを高精度で定量評価するといった3次元的な広がりをもつ現象の分析・評価が可能になる[7]．また，垂直情報をもとにしてさまざまな環境を3次元的に描写できるため，ビジュアライゼーションの観点からも，直感的にわかりやすい空間表現が実現する．ただし，3次元的な広がりをもつ事象の多くは，垂直方向の変量の幅が平面的な広がりに比べて小さいことが多いため，実際に3次元データを視覚表現する際には，垂直方向の縮尺を大きくとって強調する操作 (vertical exaggeration) が行われる．

市販の GIS ツールの多くは，3次元データをサポートしており，垂直方向の縮尺の強調や日照角度の変更，可視領域表示，傾斜面の勾配の算定など，豊富な3次元表現・解析機能を備えている．図 7.7 は，イタリア北部のカモニカ渓谷周辺地域の山並みを3次元表現したものに，そのエリアで発見されたカモニカ渓谷の山村の古地図（図 7.7(a)：推定 紀元前 13 世紀頃）から得られた地理データを重ね合わせて，当時の村の周辺の様子を再現した．垂直方向の縮尺は水平方向の 10 倍に拡大されている．図 7.7(b)〜(d) は，それぞれ等高線，不規則三角形網 (TIN)，グリッドメッシュを用いて，地形を表している．また，図 7.7(e)〜(h) は，この3次元データから，陰影，傾斜面，方位角，可視領域をそれぞれ算出し

[*5] 通常，GIS で扱う平面座標データに加えて，垂直方向の位置情報をもつものを3次元データと呼ぶ．また，これを扱う GIS を3次元 GIS と呼んで，従来の2次元 GIS と区別することがある．なお，平面データの各 x, y 座標に対して，高さ情報（z 属性値）が1つだけ与えられるものを 2.5 次元モデル，ないし 2.5 次元 GIS と呼んで，前者と区別する場合もある．

ている．

さらに，近年，3次元データに時間方向の変量を加えた3次元時空間 GIS(または4次元 GIS) の開発も進められている．図7.8は，ニューヨーク州バッファロー市中心市街地を対象とした3次元時空間モデルである（図7.8(a)(b)は，それぞれ1930年時点と2000年時点の様子を表している)[8]．各建築物に竣工年度と取り壊し年度の属性値を与えることで，時間軸の移動に沿って，都市景観が

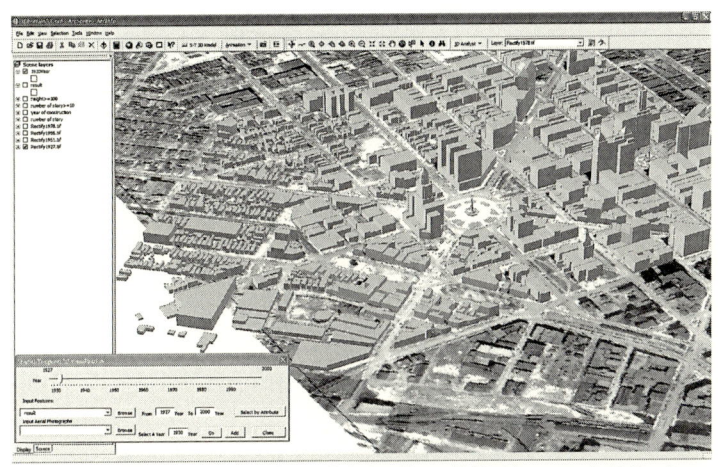

(a) 1930年当時のバッファロー市中心市街地の様子 (航測写真は1928年時点のもの)

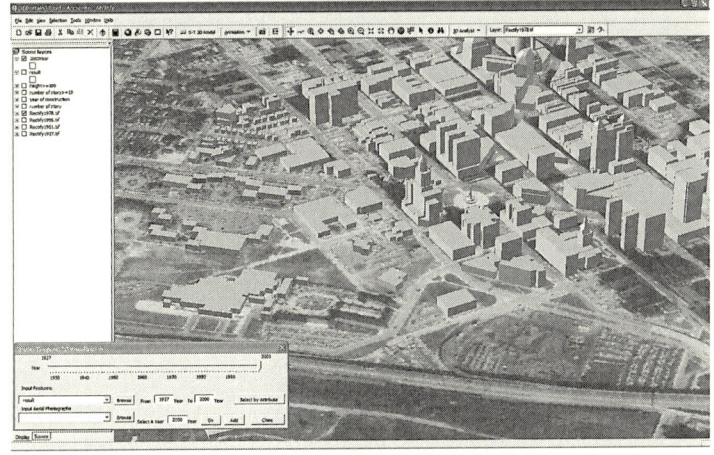

(b) 2000年現在のバッファロー市中心市街地の様子 (航測写真は2000年時点のもの)

図7.8　バッファロー市中心部の3次元表現

動的に変わっていく様子を表現している．都市の時系列変化を GIS 上で再現する環境を実現することで，都市の成長を定量的かつ視覚的に把握して，さまざまな政策決定や，都市成長のシミュレーションにも役立てることができると考えられる．なお，この例では，時空間モデルを操作するためのインターフェースを独自開発しているが，近年，時間データを扱える市販の GIS ツールも登場してきているので，今後，さまざまな地理データの時空間表現手法が編み出されていくことが期待される．

7.5.2 アニメーション

主題がしだいに変化していく様子を表現するのに便利なのが動画ないしアニメーションである．特に主題の時系列的な変化，空間的な変化，あるいはその属性の変化などの表現に威力を発揮する．記録方式や圧縮形式によって多少の違いはあるものの，基本的には複数の静止画像をフレームとして読み込んだものを，順番に重ね合わせてムービーを作成する仕組みを採用している．GIS の世界では実装が遅れていたが，最近，動画作成機能を備えたパッケージもしだいに増えてきている．

アニメーションは，インタラクティブな要素をほとんどもたず，もっぱら観賞に供されることから，作成者の意図をそのまま伝えるのに適している[*6]．アニメーションマップは，通常のビジュアライゼーションで用いられるシンボルやカラーモデルを利用できるほか，各フレームを表示する時間（duration）とフレーム間の変化量（rate of change）を操作することによって，仕上りの印象を変えることができる．よく用いられるアプリケーションに，天気図における高気圧の張り出しや，都市のスプロール現象などのように，主題の分布が時間とともに変化していく様子を時系列的に追っていくものがあるが，ほかにもいわゆるフライスルー（fly-through）のように 3 次元表示された地形を鳥瞰しながら視点を変えていく空間移動型のアニメーションもある．

[*6] しかしながら，アニメーションマップの動的かつインタラクティブな地図環境に関する研究も，一部で試みられている．アンドリエンコ（Andrienko）ら[9,10]が開発している Descartes や CommonGIS (http://www.commongis.com/) などもこの点を考慮して，利用者が自分の利用目的に合ったデータ表現を探すためのインタラクティブな側面と，データ表現に関するさまざまな可変的要素を動的に表示できる側面を両立させている．

7.5.3 マルチメディア

　ビジュアライゼーションの本来の意味は，抽象的な概念や情報をわかりやすく表現することである．したがって，広義には文字情報の併記から音声情報の付加に至るまで，地理データを用いたさまざまな形態のビジュアライゼーションが考えられる．

　地図データに音声情報を加えるアプリケーションとしては，カーナビゲーションシステムによる走行車両へのガイダンス機能や，GPS搭載型の情報端末によるロケーションベースサービス（location-based services）などがすでに普及しているが，地図データそのものの音信号への変換（auditory mapping）に関する研究は，まだ蓄積が浅い．しかしながら，近年，目の不自由な利用者や暗闇のなかでの軍事活動の支援などを想定して，地形の高低差を音の高低で表したり，主題の密度の違いを音の大きさや間隔などで表現する仕組みが研究されつつある[11]．いまだ規格が統一されていない上に，特殊なインターフェースを必要とするので，実用化にはまだ時間がかかることが予想されるが，今後の発展が期待される分野である．

7.5.4　電子地図とオンライン地図配信

　近年，ウェブ上で地図データを検索・利用するオンラインGISや，地図配信システムの提供が進んでいる．オンラインGISは，利用者から送られるクエリーに基づいて，サーバが情報検索・地図作成を行い，結果を画像もしくは簡単な出力形式で利用者に送り返すシステムである．地理データの解析処理ツールを簡便な形で提供することを目的とするため，ビジュアライゼーションの観点からは，データの分け方やシンボルのタイプ，カラースキームなどが，サーバが提供する汎用性の高い表現手法に限定される形になり，データの利用目的によっては，効果的な出力結果が得られないことがある．

　また，Google EarthやMicrosoft Virtual Earthなどに代表されるオンライン地図配信サービスでは，オンラインで2次元および3次元の地図データを提供しており，経路探索や業種別店舗検索などのサービスが利用できる．しかしながら，得られる地図データのデザインはすべて提供元が決定しているため，利用者は，航測写真表示への切りかえやランドマークの重ね合わせといったごく限られたオプションのなかから表現形式を選ぶことになる．もっとも，これらのサイトのな

かには，利用者が独自の GIS データをアップロードし，地図配信サービスのデータと重ね合わせたものを他の利用者と共有できるような仕組みもあり，今後，既存の GIS とは異なったタイプのオンラインベースのビジュアライゼーション手法が開発されていくものと予想される．

7.6 より詳しく学びたい方へ

本章では，地理情報を視覚的に表現する際に基本となる概念と手法について述べた．これらの手法の多くは，すでに市販の GIS パッケージにも実装されており，地理データと属性データがそろえば，手軽に地図を作成できる環境が整っている．しかしながら，地図表現にはデータの分類方法やシンボルの組合せ方によって無数の可能性があることから，作成にあたっては，データの特性，地図情報の利用者および利用目的を考慮しつつ，作成者の意図を明快かつ効果的に表現できる組合せを選ぶことが重要である．

なお，本章では，いまだ GIS での利用が一般的ではないカルトグラムや認知地図などに関する説明は割愛した．これらのテーマを含め，地図学に関する知識を体系的に解説したものに，マッカクレン（MacEachren）[12]，ロビンソン（Robinson）ら[13]，メルケ（Muehrcke）[14] などがある．また，ビジュアライゼーションを体系的に論じた専門書としては，スローカム（Slocum）ら[5] を，ビジュアライゼーションに関する実践的な手引きとしては，ブルーワ（Brewer）[15] や，クライガー（Krygier）ら[16] をそれぞれ参照されたい． [塩出徳成]

引 用 文 献

1) Kraak, M-J. (1999) : Visualising spatial distributions. *Geographical Information Systems, Volume 1 : Principles and Technical Issues* (2 nd ed.)（Longley, P. et al. eds.）, pp. 152-173, John Wiley.
2) MacEachren, A. M. and Taylor, D. R. F. eds. (1994) : *Visualization in Modern Cartography*, Pergamon.
3) Harrower, M. and Brewer, C. A. (2003) : ColorBrewer. org : An online tool for selecting colour schemes for maps. *The Cartographic Journal*, **40** : 27-37（ColorBrewer の公開サイトのアドレス : http://www.colorbrewer.org/）.
4) MacEachren, A. M. (1992) : Visualizing uncertain information. *Cartographic Perspectives*, **13** : 10-19.

5) Slocum, T. A. et al. (2005) : *Thematic Cartography and Geographic Visualization* (2 nd ed.), Prentice Hall.
6) モンモニア, M. 著, 渡辺　潤訳 (1995) : 地図は嘘つきである, 晶文社.
7) 塩出徳成 (2004) : 3次元解析. 地理情報科学事典 (地理情報システム学会編), pp. 88-91, 朝倉書店.
8) Shiode, N. and Yin, L. (2008) : Spatial-temporal visualization of built environments. *Dynamics of Geographic Domains* (Hornsby, K. S. and Yuan, M. eds.), pp. 133-149, CRC Press.
9) Andrienko, G. L. and Andrienko, N. V. (1999) : Interactive maps for visual data exploration. *International Journal of Geographical Information Science*, 13 : 355-374 (Fisher, P. ed. (2006) : *Classics from IJGIS : Twenty years of the International Journal of Geographical Information Science and Systems*, CRC Press に転載).
10) Andrienko, N. V. and Andrienko, G. L. (2005) : *Exploratory Analysis of Spatial and Temporal Data : A Systematic Approach*, Springer-Verlag.
11) Rice, M. et al. (2005) : Design considerations for haptic and auditory map interfaces. *Cartography and Geographic Information Science*, 32 : 381-391.
12) MacEachren, A. M. (1995) : *How Maps Work : Representation, Visualization, and Design*, Guilford Press.
13) Robinson, A. H. et al. (1995) : *Elements of Cartography* (6 th ed.), John Wiley and Sons.
14) Muehrcke, P. C. (2001) : *Map Use : Reading, Analysis and Interpretation*, JP Publications.
15) Brewer, C. A. (2005) : *Designing Better Maps : A Guide for GIS Users*, Esri Press.
16) Krygier, J. and Wood, D. (2005) : *Making Maps : A Visual Guide to Map Design for GIS*, The Guilford Press.

8 データマイニング

　本章では，探索的空間データ分析（exploratory spatial data analysis：ESDA）とジオコンピュテーション（geocomputation：GC）について論じる．両者とも，地理学や GIS の理論に基づき，空間データを用い，これらの理論を演繹的に検証するのではなく，探索的に空間データを取り扱い，その過程で帰納的に仮説を抽出する点で共通している．この点から ESDA と GC は，大規模なデータセット，もしくはデータベースから有用な情報を抽出するための科学と定義され，データの探索や帰納的推論を特徴とする[1]．

　ヘイニング（Haining）[2] は，グッド（Good）[3] を引用しつつ，ESDA の基礎となる探索的データ分析（exploratory data analysis：EDA）を，（記述統計のように）データ特性を要約し，データのパターンを判定し，データに関する特殊な，または興味深い特性を見出し，あるデータセットの重要な特徴からの外れ値を識別し，データから仮説を立てるなどの技法の集合体と定義している．このような技法は，図表を含む視覚的に表現する方法や，データを定量的に要約した数値で表現する方法を含む[1]．

　このような EDA に対してアンセリン（Anselin）[4] は ESDA を，EDA の一部であり，地理的情報の特性を識別する分析法，特に空間的自己相関や空間的特異性（spatial heterogeneity）に焦点をあてる分析法と定義している．すなわち，ESDA は空間データの各種特性を見出すための技法であり，このようなデータのなかの空間的な特性を要約し，空間的なパターンを見出し，地理学理論に依拠する仮説を構築し，空間的に特異な事例やグループを識別するための手法を含む[2]．なお，上述した EDA と同様に，ESDA の結果は，図表または，各種の統計量といった数値で表される．

ESDA が EDA の一部であることから，EDA の手法が ESDA でも活用されている．ヒストグラム（histogram），正規・一般 QQ プロット（normal and general QQ plots）などがその例である[4]．また ESDA 固有の手法には，空間的自己相関の尺度であるモラン統計量（Moran statistic）やギアリ統計量（Geary statistic）を基礎にした[5,6]コバリオグラム（covariogram）やセミバリオグラム（semivariogram）等が含まれる．さらに空間的な特性を捉えるという点では，空間データを用いたカルトグラム（cartogram）や[7]，空間データの分布状況を把握するためのカーネル密度推定（Kernel density estimation）も ESDA の範疇に含まれるといえる．なお，これらの手法に関しては，次節で詳論する．

一方，GC に対する研究者の見解は多様であるが，コウクレリス（Couclelis）[8]は GC を，コンピュータを基礎とした広範なモデルや手法を含むものであると定義し，その多くは，計算知能（computational intelligence : CI）や人工知能（artificial intelligence : AI）の分野から派生したことも指摘している．ここで，GC の誕生やその後の経過を詳述している矢野[9]は，その提唱者であるオープンショウ（Openshaw）[10]を引用しつつ，計量革命以降の地理学におけるコンピュータの利用と GC の相違を，① 数理モデルで過小評価されてきた空間側面への配慮，② 高速化したコンピュータの活用により，既存の問題の新たな解法や，新たな問題・課題の抽出を可能としたこと，③ データ主導の高速コンピュータを用いた帰納的アプローチにあると指摘している．

特に第 3 点に留意し，矢野[9]は，GC が計量地理学と異なり，探索的な技法を中心とし，空間的事象に対する新たな仮説を示す帰納的推論のプロセスを重視する点を強調している．ここで，先述した ESDA と GC を比較した場合，ESDA が，探索手法を用いた空間データの特徴の抽出という点に力点をおくのに対して，GC が，探索的技法で抽出された空間データの特徴を踏まえて，仮説を構築していくという点で両者は異なる．ただし ESDA と GC とも，GIS との関係は重要ではあるが，両者とも GIS そのものではないという点で共通していることは特筆に値する．このように地理学における理論を基礎とした計量地理学から，今日利用可能となった高速なコンピュータを用いた探索的かつ帰納的な視点に立つ GC への移行は，多量なデータからなる複雑な現象に対して，プログラムを部分的に構築することは可能であるが，全体現象を反映するプログラムは困難であることから，ニューラルネットワーク（neural networks : NN）や，遺伝的アルゴリズ

ム（genetic algorithms : GA）を含む進化的コンピュテーションで代表される CI へ移行している情報工学を中心とした複雑系（complex system）の研究への移行と軌を一にしているといえる．

GC は，エキスパートシステム，セルオートマタ（cellular automata : CA），NN，ファジー集合，GA，フラクタルモデル，視覚化，マルチメディア，EDA，データマイニングなどを含む[8]．以上から GC は，先述した EDA，さらには EDA の一領域である ESDA をも含む上位概念であるといえる．なお GC の具体的な内容は 8.2 節で詳論する．

8.1 探索的空間分析

以下では ESDA の代表例として，GIS で活用される機会が多い，ヒストグラム，正規・一般 QQ プロット，コバリオグラム，セミバリオグラム，カーネル密度推定，カルトグラムについて論じる．

8.1.1 ヒストグラム

縦軸に度数，横軸に階級や基本属性を配したグラフがヒストグラムであり，データの分布状況を把握する際に広く用いられている（図 8.1）．GIS の場合，属性データに適用されるが，システム内で位置データと属性データが連動してい

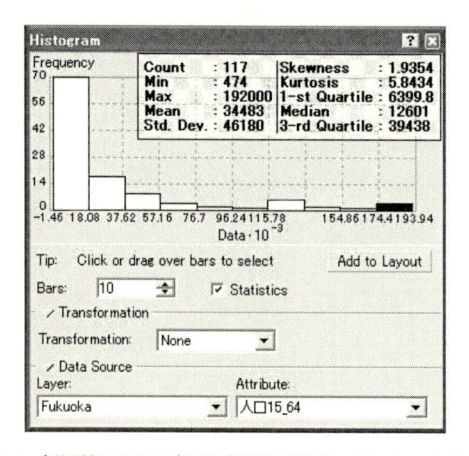

図 8.1　福岡県における市区町村別生産年齢人口のヒストグラム

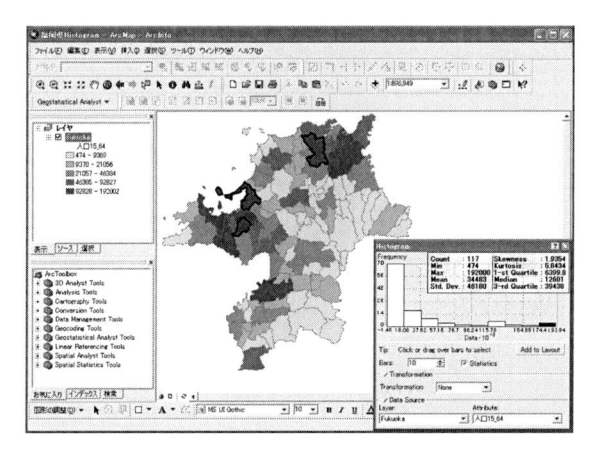

図 8.2 ヒストグラムに基づく地域選択

ることから，ヒストグラム上の属性データの分布状況を，位置データの地理的な分布状況と連動して把握することが可能である（図 8.2）．この図では，コロプレス図で示した福岡市における生産労働人口の地理的な分布状況と，生産年齢人口のヒストグラムを示しており，ヒストグラムにおいて高位の階級に属する地域，すなわち生産年齢人口の多い地域が，コロプレス図内で強調（太線部）されている．このことから，福岡・北九州の両市の周辺地域において，生産年齢人口が高いことがわかる．逆に，属性データと位置データがリンクされているという GIS の特性を活かしてコロプレス図に部分地域を指定することで，これらの地域のヒストグラム上での位置を知ることもできる．

8.1.2 正規 QQ プロット，一般 QQ プロット

前項で，属性データの分布状況を把握する際にヒストグラムを用いた例を示したが，標本数が十分に多い場合，度数分布は正規分布に近づくことが知られている．標本と正規分布の隔たりを調べるために用いられるのが，正規 QQ プロットである．図 8.3 で示したように，ある標本の実測値の累積度数と正規分布の累積度数の図が描かれるが，正規 QQ プロットは縦軸に標本の観測値を，横軸に正規分布の値をとることで描かれる．このことにより，正規分布から乖離した特異な値である外れ値（outlier）を見出せる．GIS では，正規 QQ プロットを用いることで，外れ値と判定された地域を地図上で特定することが可能である．図

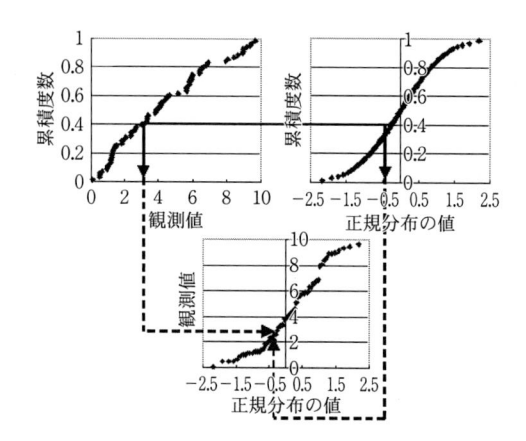

図8.3 正規QQプロットの概念図

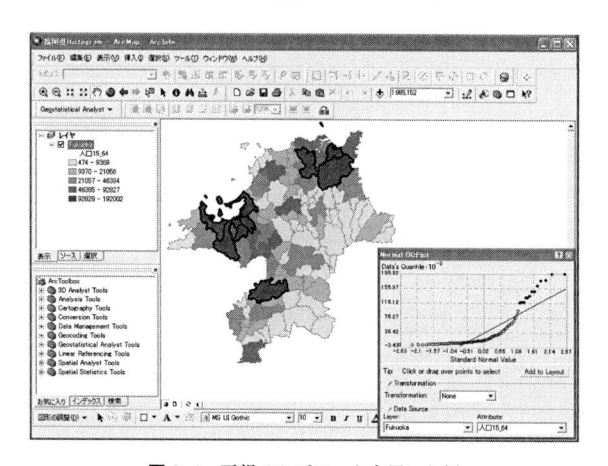

図8.4 正規QQプロットを用いた例

8.4では，前項でヒストグラムを作成した際に用いた生産年齢人口の正規QQプロットを示している．この図から，階級が高くなるにつれて正規分布から乖離する傾向にあることがわかる．またこの階級の標本が，地図上で福岡・北九州市などの周辺に位置することもわかる．逆に，地図上である地域を指定することにより，この地域の正規QQプロット上での位置を知ることもできる．

正規QQプロットでは，横軸に正規分布の値を用いたが，他の標本の観測値を横軸にとることで一般QQプロットを描ける（図8.5）．これにより，2つの標本分布の類似性を識別できるとともに，類似の傾向から逸脱した外れ値も把握

8.1 探索的空間分析

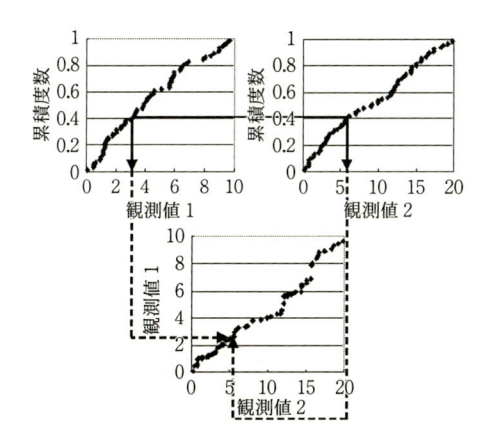

図 8.5 一般 QQ プロットの概念図

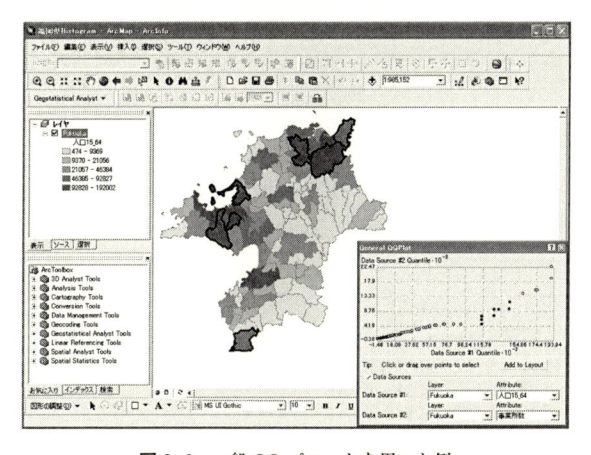

図 8.6 一般 QQ プロットを用いた例

できる．図 8.6 は，福岡市における生産年齢人口を縦軸に，事業所数を横軸にとった一般 QQ プロットである．この図から中位に位置する観測値が大きく縦軸（生産年齢人口）方向にずれていることがわかり，地図上でこれらが福岡市の西部と北九州市の東部に位置することもわかる．

8.1.3 コバリオグラム，セミバリオグラム

2つの変数 x と y があり両変数間が共変動する場合，両変数間に正もしくは負の相関があるといえ，ピアソンの積率相関係数などの指標で2変数の相関の度合

いを知ることができる．このような2変数間の相関と同様に，1つの変数xによる近接する時間もしくは空間での相関も考えられ，変数xに時間的・空間的な相関がみられる場合，自己相関が存在すると称する．なお横軸に時間的・空間的な隔たり，すなわちラグをとり，縦軸に自己相関を表す指標をとることで自己相関の時間的・空間的な変動を表したグラフをコレログラム（correlogram）という．

空間的自己相関（spatial autocorrelation）を表す指標として，地域全体の空間的自己相関を表すグローバル指標と，局地的な空間的自己相関の度合いを示すローカル指標がある．後者は，前者が局地的な空間的自己相関を検出できないという批判から生まれた[11]．ローカル指標として，以下の式で表されるローカル・モラン統計量（local Moran's statistic）L_i を用いることが多い．

$$L_i = [(x_i - \bar{x})/\sigma^2] \sum_{j, j \neq i} [w_{ij}(x_j - \bar{x})]$$

ここで，x_i：位置iにおける関数xの値，$\bar{x}$：xの平均値，x_j：位置jにおける関数xの値（ただし$i \neq j$），σ^2：xの分散，w_{ij}：地域i，j間の距離の重みである．

ローカル・モラン統計量は-1から1までの値をとり，1に近づくほど正の空間的自己相関があるといえ，隣接する地域に類似した値が配列することになり，類似した値が塊状（クラスター状）に存在することを意味する．一方，0ではランダムに，また-1では異なった値が配列することから，負の空間的自己相関があるといえ，類似した値が地域全域に分散して存在することを表している．

先述したコレログラムのうち空間的自己相関の指標を縦軸に配したものを空間的コレログラム（spatial correlogram）という．空間的コレログラムでは，空間的なラグとして，横軸に距離がおかれる．なお横軸に距離，縦軸にモラン統計量をとったグラフをコバリオグラム（covariogram）という[12]．コバリオグラムを用いることで，分布状況の把握，外れ値の検出，距離変化に伴う測定値の変動を明らかにできる．

コバリオグラムと類似した地球統計学の1つであるセミバリオグラム（semivariogram）と，モラン統計量を用いた外れ値の抽出例を紹介する．セミバリオグラムは以下の式で定義され，位置がhだけ離れた際の，$z(x)$が平均的にどの程度変化するかを示したものであることから，空間的自己相関の程度を数量化しているといえる[13]．

$$\gamma(h) = E[z(x) - z(x-h)]^2/2$$

ここで，$z(x)$：位置 x における関数 z の値，h：空間的なラグである．

チャン（Zhang）とマックグラス（McGrath）[14] は，アイルランド南東部の草地を対象とし，セミバリオグラムとモラン係数を用いて 1964～1996 年の土壌有機炭素の変化を分析している．図 8.7 は 1964 年と 1994 年の土壌有機炭素のセミバリオグラムを示したものである．両年の図の比較から，両年で大きな差がないことがわかる．また横軸で示した空間的なラグが 0 の際のセミバリオグラムの値をナゲット効果（nugget effect），全変動をシル（sill）と称するが，図 8.7 からナゲット効果がシルの約 80% を占めることから，空間的なラグが大きくなることによる変動は比較的小規模であることを彼らは指摘している．さらに外れ値，すなわち高い値の土壌有機炭素の集積をみるためにローカル・モラン統計量が用いられ，正の高い値を示す地域が×印で示されている（図 8.8）．このようにローカル・モラン統計量は外れ値を検出する際に有効である．

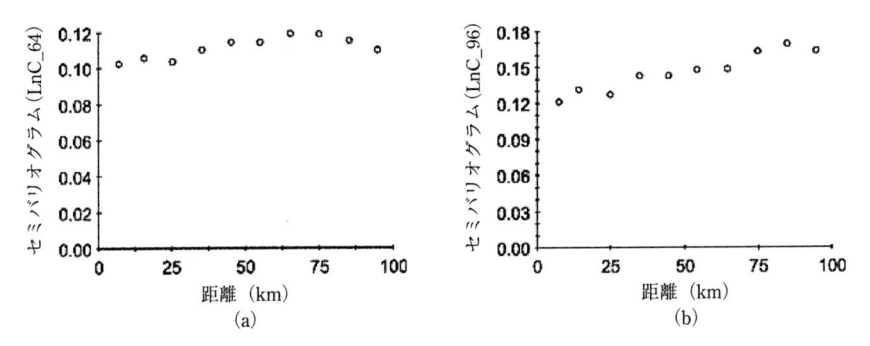

図 8.7 土壌有機炭素のセミバリオグラム（Zhang and McGrath, 2004 を一部改変）[14]

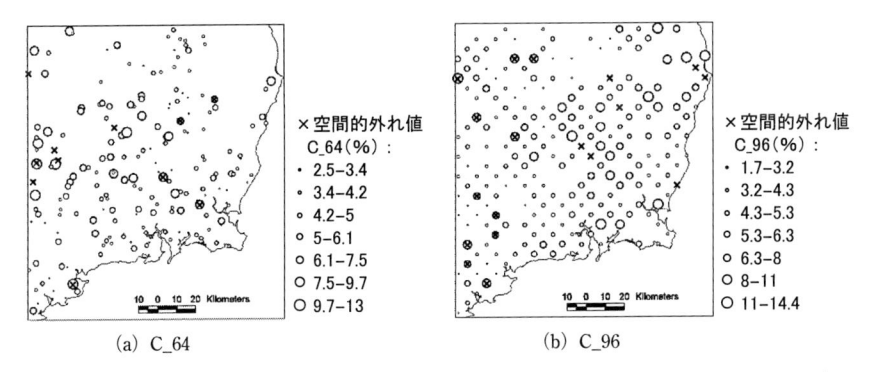

図 8.8 ローカル・モラン係数を用いた外れ値の抽出（Zhang and McGrath, 2004 を一部改変）[14]

8.1.4 カーネル密度推定

空間的に特異な値が集積する場所を空間的クラスターやホットスポットと称するが，先述したモラン統計量を代表とする空間的自己相関の指標は外れ値の検出のために用いられていることから，このようなホットスポットの検出にも活用される．中谷[15]は，モラン統計量を含むファジー最頻値法，階層クラスター法などを用いたホットスポットの検出方法を紹介しているが，ここではカーネル密度推定を用いたホットスポットの検出方法について論じる．

カーネル密度推定は，地域内の観測点での観測値を用いて，観測点でない他の地点の値を推定する空間的補間（spatial interpolation）の一技法であり，上述したヒストグラムの欠点を補うことで1950年代後期に開発された[16]．すなわち，ヒストグラムによって標本の密度関数が示されることになるが，各階級の中点が代表値となるため，各階級の間隔が広くなるほど情報損失が高く，また階級幅を短くしても中点は離散的に存在するため，密度関数は平滑ではない[17]．この点を改良して提示されたのがカーネル密度推定であり，標本数がnの場合，任意の点xにおけるカーネル密度推定量は以下の式で表せる．

$$f(x, h) = \left[\sum_{i=1}^{n} k((x - X_i)/h) \right] / nh$$

ここで，$f(\cdot, \cdot)$：確率密度関数，$k(\cdot)$：カーネル関数，h：バンド幅，X_i：観測値（$i = 1, 2, \cdots, n$）である．

この式は，バンド幅を変えることで，確率密度関数の値も変わることを意味している．またカーネル関数として，正規分布関数，4次関数（quartic function），リニア関数（triangular function），一様分布（uniform distribution）などが用いられ，これら関数によるカーネルの形状は，釣鐘状，球状，円錐状，円柱状になる．図8.9は，5つの観測点の観測値をもとに，カーネル関数として正規分布関数を用いた場合のカーネル密度推定量を示している．

カーネル密度推定を用いたホットスポットの抽出例として，警視庁による犯罪発生マップがある（図8.10，口絵2参照）．この図は，科学警察研究所によるGISを活用した犯罪の効果的防止法に関する研究を基礎にして作成された[18]．この研究は，GISを活用することで警察力を効果的に投入することにより，ジュリアーニ・ニューヨーク市長のもとで，犯罪が激減したことに強く影響を受けた研究である．図8.10は住居対象侵入盗を示した犯罪地図（crime map）であるが，

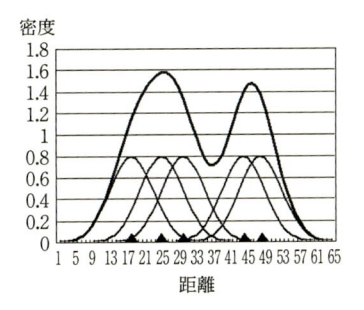

図 8.9　カーネル密度推定の概念図

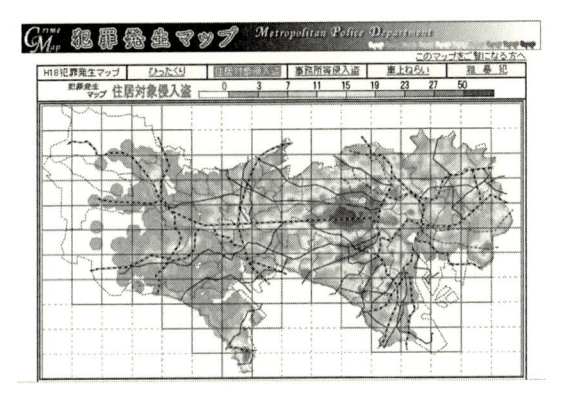

図 8.10　カーネル密度推定量を用いた住居侵入盗のホットスポットの抽出（警視庁ホームページ犯罪発生マップより）

東京都杉並区周辺で値が高く，この図から，当該地域が住居対象侵入盗のホットスポットであることが読み取れる．

8.1.5　カルトグラム

トブラー（Tobler）[7]によれば，ミナルド（Minard）が1851年にはじめてカルトグラムという用語を使用したとされ，1929年11月3日のワシントンポスト誌に，アメリカの州別人口や税収に応じて州の面積が示された図が掲載されたことを指摘している．このように，位置データに基づき，特定の投影法により作成された通常の地図と異なり，属性データである人口や県民所得などの量的指標に応じて面積が表された地図をカルトグラムという．カルトグラムで示すことにより，量的指標の配置状況を視覚的に理解することができる．カルトグラムは，隣

図8.11 2005年の都道府県別人口を用いたカルトグラム

接地域が境界線で接するように描かれた連続型カルトグラム（continuous cartogram）と，境界線で接することなく，円や正方形などの図形で量的指標を表した非連続型カルトグラム（noncontinuous cartogram）に大別できる[19]．

ここで示した事例は2005年の都道府県別人口を量的指標として描かれた非連続型カルトグラムの例である（図8.11）．この図から，三大都市圏，地方中枢都市が立地する都府県に人口が集中し，それ以外の地方圏で人口が少ないことが直感的にわかる．

8.2 ジオコンピュテーション

GCのうち遺伝的アルゴリズム，ファジー集合，フラクタル理論とその応用に関しては高阪[20]や矢野[9]ですでに紹介されていることから，ここではGCの代表例として，CA，NN，マルチエージェントシステム（multi-agent system：MAS）の理論を概観するとともに，これらの理論に基づく研究例を紹介する．

8.2.1 セルオートマタ

CAは，① セルと称されるn次元の規則的な格子によって表現され，② セルは離散的な状態をとり，③ 離散的に進む時間のなかで時間とともに更新され，④ 状態の更新は，当該セルとその近傍のセルの状態に依存する一定のルールに従って決定されるという条件を満たすシステムである[21]．2次元の対象を扱うことが多い地理学においては，トブラー[22]を嚆矢としてCAの研究が開始されたが，1990年代に本格的な活用がなされた[23,24]．

この定義からわかるように，CAは，① セル，② 状態，③ 近傍，④ 遷移ルールという4要素によって，その挙動が制御されている．CAを用いた土地利用研究を例にとると，セルは細密数値情報のような10×10 mや，国土数値情報の10分の1細分区画土地利用メッシュのような100×100 mのメッシュ等が用いられる．ついでセルの状態は一般的に，「開発」と「非開発」や，「商業地」「住宅地」「工業用地」などの離散的な値をとり，前者は0と1，後者は0, 1, 2といった値で表される．さらに近傍に関しては，図8.12に示したように第1近傍セルを考慮することが多いが，そのなかでも，当該セルを中心として4つのセルのみの影響を考慮するノイマン近傍や，第1近傍の8つのセルすべての影響を考慮するムーア近傍が用いられることが多い．最後に遷移ルールに関しては，活性セルである都市セルと非活性セルである非都市セルの2値の変化を考察したバティ（Batty）とシェ（Xie）[24]の場合，当該セルの誕生・生存という第1近傍セルの状態を考慮し，ある一定の条件下で新たなセルが誕生する「誕生ルール」と，一定の条件を満たせば誕生したセルが生存し，そうでない場合，消滅するという，「生存ルール」を仮定している．上述した4要素により，現実の土地利用変化が説明されることになる．

渡辺ら[25]は市街地拡大を説明するため，先述したバティとシェが示したCAを

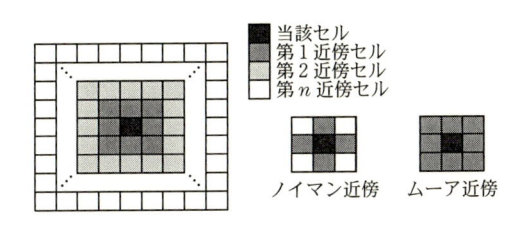

図8.12 近傍セルとノイマン・ムーア近傍

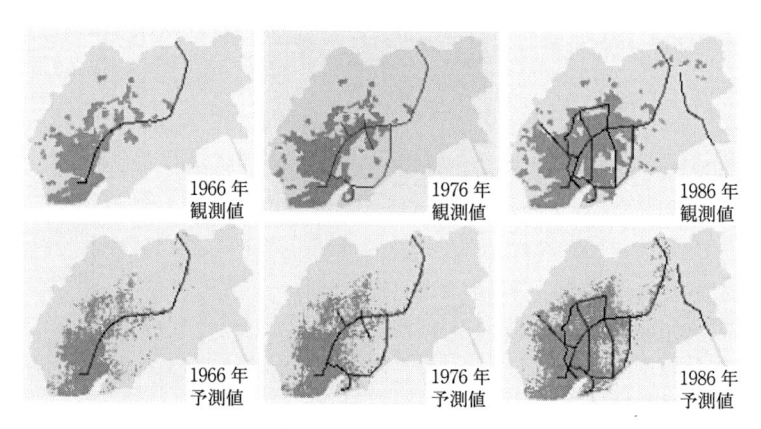

図 8.13 CA を用いた土地利用の予測（渡辺ほか，2005）[25]

基礎とする基本モデルを改良している．その後，豊橋市，豊川市，韓国木浦市を対象として，市街地拡大に関する数年の観測値と当該モデルによる予測値を，ユールの関連係数やクラマーのコンティンジェンシー係数を用いて比較し，過去から現在に至る市街地拡大現象を当該モデルがよく説明していることを示している（図 8.13）．

8.2.2 ニューラルネットワーク

NN は，脳を構成する神経細胞（ニューロン）を単純化し，数学的に表現したモデルであり[26]，マッカロック（McCullock）とピッツ（Pitts）[27]によって提示されたとされる．脳は多数のニューロンによって構成されており，ニューロン間の電気信号の受け渡しによって情報が伝達されている．ニューロンは，細胞体，樹状突起，軸索，シナプスからなるが，シナプスからの入力信号を他のニューロンの樹状突起が受けることで情報は伝達される（図 8.14）．このようなニューロンの構造と信号伝達を基礎として作られたのがニューロンモデルである（図 8.15）．図 8.14 と比較した場合，図 8.15 で示したモデルでは，シナプスが結合加重 (w_i) に，細胞体がユニットに代替され，ニューロンの挙動と同様に，入力された値 (x_i) が，このユニットで設定さている閾値を超えた場合，このユニットから信号 (y) が出力される．次式はこのモデルを数式化したものである．

$$y = f(\Sigma w_i x_i) \quad (i = 1, 2, \cdots, n)$$

ここで $f(\cdot)$ は連続数で示される結合加重 (w_i) と入力された値 (x_i)（一般に

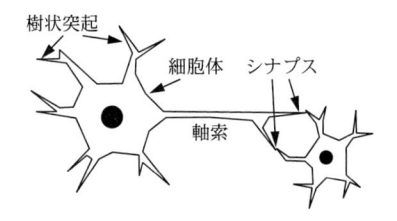

図 8.14 神経細胞（ニューロン）とニューロン間の情報伝達の概念図

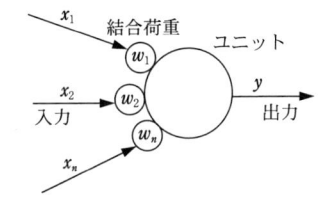

図 8.15 ニューロンモデルの概念図

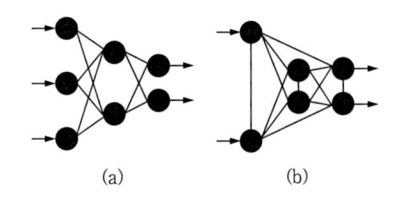

図 8.16 NN の概念図

0 か 1）の積を，次のニューロンへ出力する関数である．一般に 0 か 1 の値に変換するための関数であり，シグモイド関数やヘビサイド関数などが用いられる．

このニューロンモデルを複数結合し，ネットワーク化したものが NN である．NN は，ニューロンを層状に並べ，下位の階層から上位の階層へと一方向に情報が伝わる階層型ネットワーク（図 8.16(a)）と，明確な階層構造をもたず，情報が相互に伝達される相互結合型ネットワーク（図 8.16(b)）に大きく分けられる．

フィッシャー（Fischer）とゴパル（Gopal）[28]を嚆矢として，地理学において NN を活用した研究が進められ，ノードとリンクという 1 次元の地理的現象である空間的相互作用への活用が多くみられる[29,30,31]．2 次元の地理的現象である土地利用変化に対しては CA とともに活用されることが多く[32]，この場合，CA の遷移ルールに NN が用いられている．リ（Li）とイエ（Yeh）[33]は NN と CA を用いて，中国南部・珠江河口付近の土地利用変化を分析している．すなわち 3 層からなる階層的 NN（図 8.17）を仮定し，1988 年と 1993 年のランドサット TM データを用いて，農地，果樹園，建設用地，市街地，森林，水域の 6 種類の土地利用の変化率を推定している．次に推定された変化率を用いて，1988 年を基準年として，1993，1998，2005 年の土地利用変化をシミュレートするとともに，1993 年の観測値とシミュレーションによる予測値を比較している．比較により，NN と CA を用いた分析結果が土地利用変化をよく表していることと，2005 年の

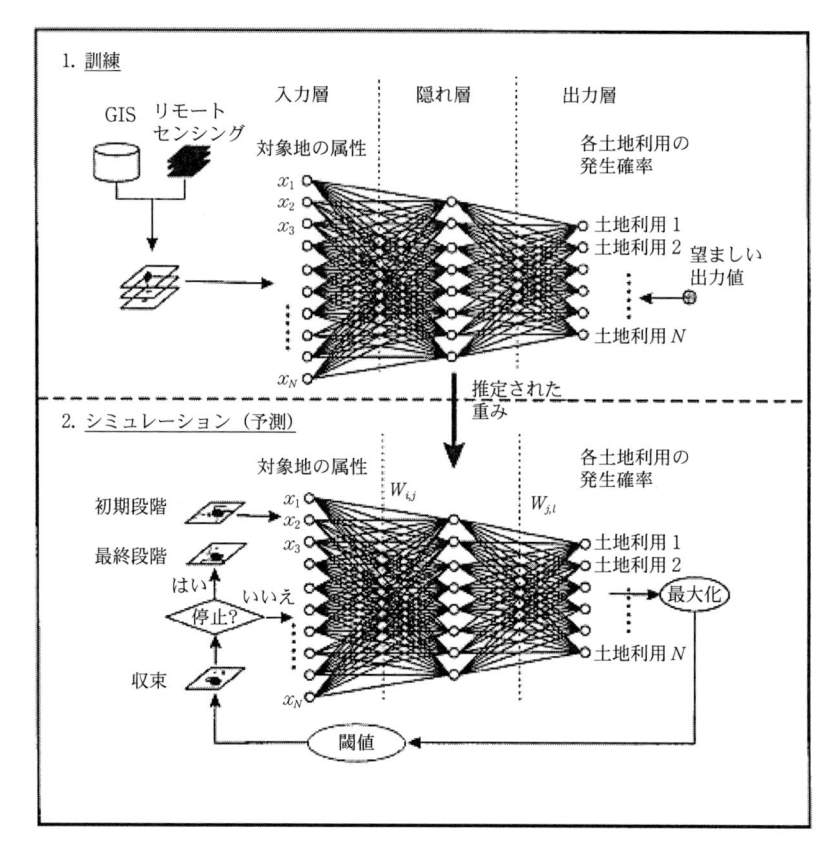

図 8.17 NN を用いた土地利用変化分析の枠組み（Li and Yeh, 2002 を一部改変）[33]

シミュレーション結果により，1988 年に比べて当該地域で農地が半減し，建設用地や市街地が急増することで，急激に都市化が進むことを明らかにしている（図 8.18，口絵 3 参照）.

8.2.3 マルチエージェントシステム

MAS は，多数の自律的に行動するエージェントから構成されるシステムといえるが，地理学においては，上述した CA やフラクタル理論の短所を補うため，MAS が用いられてきたといえる．すなわち CA やフラクタル理論を用いて，人口分布とその変容という 2 次元の地理学現象を扱う場合，人口分布現象の基礎と

(a) 当初の土地利用（1988 年）　　(b) シミュレートされた土地利用（1993 年）

(c) シミュレートされた土地利用（2005 年）

凡例：農地／果樹園／建設用地／市街地／森林／水域

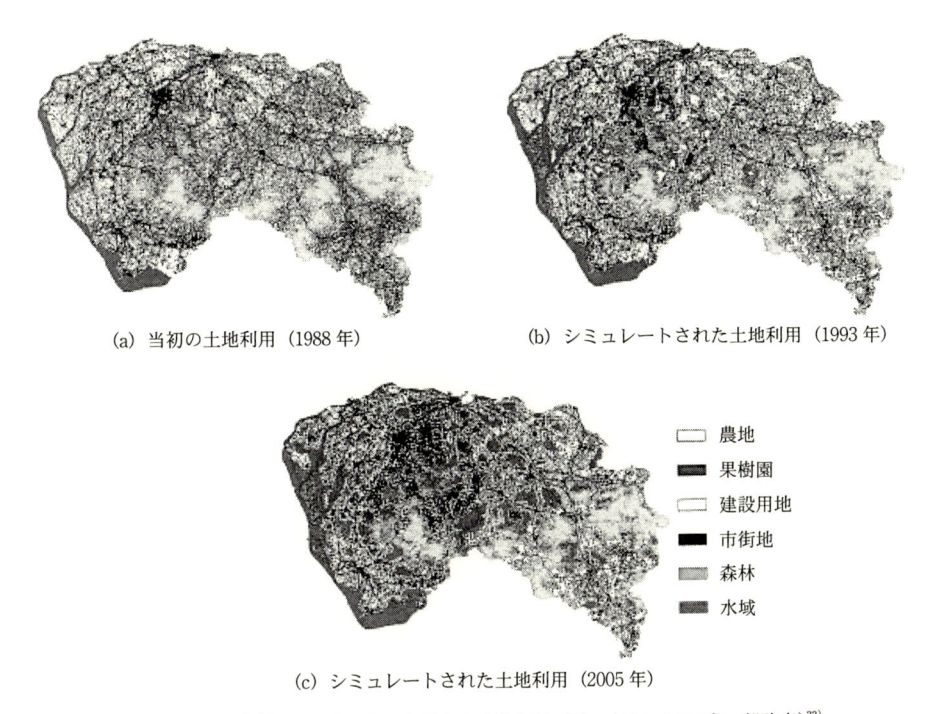

図8.18 NN を用いてシミュレートされた土地利用（Li and Yeh, 2002 を一部改変）[33]

なる個人の意思決定や行為がこれらの理論で考慮されていないが，MAS では，個人の行為を明示的に扱うことができる[34]．この MAS の理論を基礎としたマルチエージェントモデルを用いた GC 研究が近年活発化している[35, 36]．

MAS は①エージェントが活動する環境，②エージェントの目的や意思決定過程を含むエージェント自身，③エージェントの行為とエージェント間の相互作用という3要素で特徴づけられる[37]．ここでは，瀧澤ら[38]による研究を用いて，MAS の基本理論と，都市的土地利用パターンの形成に関する応用例を紹介する．

まず環境として，50×50 のセルからなる仮想都市を想定している．ついでエージェントに関しては，ローリー（Lowry）モデルに依拠し，このモデルで都市が，産業，家計，サービスの3部門に分けられていることから，これらの3部門に対応する業務，住居，商業地域を土地利用エージェントとしている．最後にエージェントの行為と，これら3エージェント間の相互作用に関しては，各エージェントは外部環境からもたらされる情報，GA を基礎として算出される染色体の情

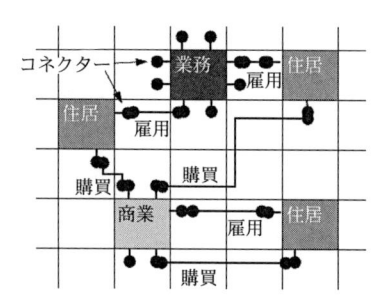

図 8.19　土地利用エージェントの相互作用（瀧澤ほか，2000 より作成）[38]

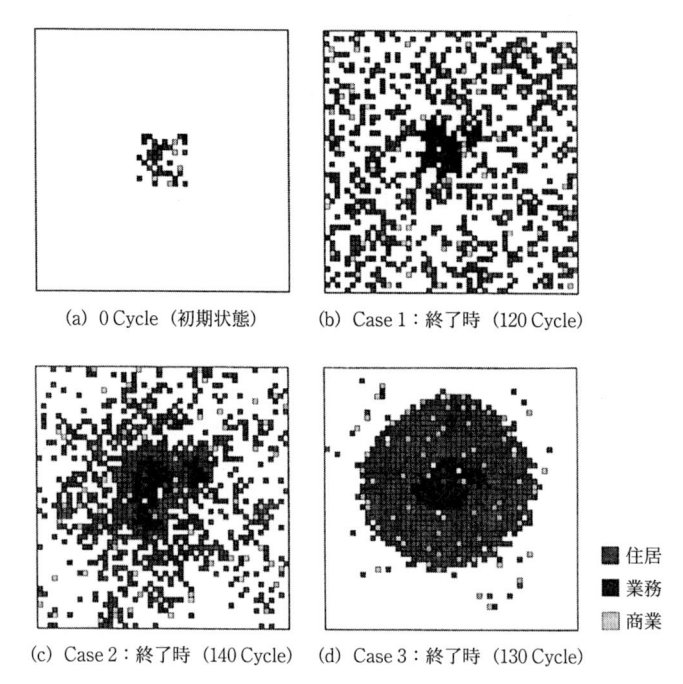

(a) 0 Cycle（初期状態）　(b) Case 1：終了時（120 Cycle）

(c) Case 2：終了時（140 Cycle）　(d) Case 3：終了時（130 Cycle）

■ 住居
■ 業務
▨ 商業

図 8.20　MAS を用いてシミュレートされた土地利用（瀧澤ほか，2000）[38]

報，生成以降の内部情報という 3 つの情報をもとに，生成，現状維持，移転，消滅の 4 つの行為が決定されると仮定している．この 4 つの行為に基づき，雇用と購買という相互作用を各エージェントは選択するが，相互作用の数は，各エージェントが有するコネクタの数で制限されている（図 8.19）．このような仮説のもと，距離の制約の弱いケース（Case 1），中間的なケース（Case 2），強いケー

ス (Case 3) を想定し，初期条件として仮想都市の中心部に業務，商業，住居エージェントをおのおの5，5，30個，ランダムに配置し，土地利用変化をシミュレートしている（図8.20）．結果として，距離の制約によってCase 1よりもCase 3で，業務・商業エージェントが立地する中心部に近接して，住居エージェントが立地する塊状のパターンになることを明らかにしている．

以上，CA，NN，MASの理論の概要と各理論を活用した研究例を紹介したが，このような研究状況をみると，ディアッピ（Diappi）[39]による，コンピューテーショナルインテリジェンステクノロジー（CIT）を活用した研究という表現がGCに対するよりふさわしい表現であると考えられる．　　　　　　　　　[山下　潤]

引 用 文 献

1) Hand, D. et al. (2001) : *Principles of Data Mining*, MIT Press.
2) Haining, R. (2003) : *Spatial Data Analysis : Theory and Practice*, Cambridge University Press.
3) Good, I. J. (1983) : The philosophy of exploratory data analysis. *Philosophy of Science*, **50** : 283-295.
4) Anselin, L. (1998) : Exploratory spatial data analysis in a geocomputational environment. *Geocomputation A Premier* (Longley, P. A. et al. eds.), pp. 77-94, John Wiley.
5) 奥野隆史（1996）：空間的自己相関．都市と交通の空間分析（奥野隆史編著），pp. 1-52, 大明堂．
6) 張　長平（2001）：地理情報システムを用いた空間データ分析，古今書院．
7) Tobler, W. (2004) : Thirty five years of computer cartograms. *Annals of the Association of American Geographers*, **94** : 58-73.
8) Couclelis, H. (1998) : Geocomputation in context. *Geocomputation A Premier* (Longley, P. A. et al. eds.), pp. 17-29, John Wiley.
9) 矢野桂司（2005）：ジオコンピューテーション．地理情報システム（シリーズ〈人文地理学〉，第1巻，村山祐司編），pp. 111-137, 朝倉書店．
10) Openshaw, S. (2000) : GeoComputation. *GeoComputation* (Openshow, S. and Abrahart, R. J. eds.), pp. 1-31, Taylor and Francis.
11) Geti, A. and Ord, J. K. (1992) : The analysis of spatial association by use of distance statistics. *Geographical Analysis*, **24** : 189-206.
12) 高阪宏行（2002）：空間的自己相関と地理学的応用．地理情報技術ハンドブック（高阪宏行），pp. 27-43, 朝倉書店．
13) 貞広幸雄（2001）：GISによる空間分析．地理情報学入門（野上道男ほか編著），pp. 58-80, 東京大学出版会．
14) Zhang, C. S. and McGrath, D. (2004) : Geostatistical and GIS analyses on soil organic carbon concentrations in grassland of southeastern Ireland from two difference periods. *Geoderma*, **119** : 261-275.
15) 中谷友樹（2006）：空間クラスター検出のためのGISツール「CrimeStat」「GeoDa」

「SaTScan」．GISで空間分析―ソフトウェア活用術（岡部篤行・村山祐司編），pp. 183-220，古今書院．
16) Silverman, B. W. (1986) : Density Estimation for Statistics and Data Analysis, Chapman and Hall.
17) Bowman, A. W. and Azzalini, A. (1997) : Applied Smoothing Techiniques for Data Analysis : The Kernel Approach with S-plus Illustrations, Oxford University Press.
18) 例えば島田貴仁ほか（2002）：Moran's I 統計量による犯罪分布パターンの分析．GIS―理論と応用，10(1)：49-57．
19) Olson, J. (1976) : Noncontinuous area cartogram. The Professional Geographer, 28 : 371-380.
20) 高阪宏行（2002）：ジオコンピュテーションI・II．地理情報技術ハンドブック（高阪宏行），pp. 141-173，朝倉書店．
21) 西山賢一（2001）：セルラーオートマタ．複雑系の事典―適応複雑系のキーワード 150 ―（「複雑系の事典」編集委員会編），pp. 205-206，朝倉書店．
22) Tobler, W. (1979) : Cellular geography. Philosophy in Geography (Gale, S. and Olsson, G. eds.), pp. 379-386, Reidel.
23) White, R. and Engelen, G. (1993) : Cellular automata and fractal urban form : A cellular modelling approach to the evolution of urban land use patterns. Environment and Planning A, 25 : 1175-1199.
24) Batty, M. and Xie, Y. (1994) : From cells to cities. Environment and Planning B, 21 : S 31-S 38.
25) 渡辺公次郎ほか（2000）：セルラーオートマタを用いた市街地形態変化のモデル開発．日本建築学会計画系論文集，533：105-112．
26) Grigolo, S. (2004) : Neural classifiers for land cover recognition : Merging radiometric and ancillary information. Evolving Cities : Geocomputation in Territorial Planning (Diappi, L. ed.), pp. 11-44, Ashgate.
27) McCullock, W. and Pitts, W. (1943) : A logical calculus of the ideas immanent in nervous activity. Bulletin of Mathematical Biophysics, 5 : 115-133.
28) Fischer, M. M. and Gopal, S. (1994) : Artificial neural networks : A new approach to modelling interregional telecommunication flows. Journal of Regional Science, 34 : 503-527.
29) Fischer, M. M. (1994) : Computational neural networks : A new prodigm for spatial analysis. Environemnt and Planning A, 30 : 1873-1891.
30) Openshaw, S. (1998) : Newral network, genetic, and fuzzy logic models of spatial interaction. Environemnt and Planning A, 30 : 1857-1872.
31) 中谷友樹（2003）：ニューラル・ネットワーク．地理空間分析（シリーズ〈人文地理学〉，第3巻，杉浦芳夫編），pp. 175-195，朝倉書店．
32) 例えば Wang, F. (1994) : The use of artificial neural networks in a geographical information systems for agricultural land suitability assessment. Environment and Planning A, 26 : 265-284.
33) Li, X. and Yeh, A. G. (2002) : Neural-network-based cellular automata for simulating multiple land use changes using GIS. International Journal of Geographical Information Science, 16 : 323-343.
34) Benenson, I. (1999) : Modeling population dynamics in the city : From a regional to a multi-

agent approach. *Discrete Dynamics in Nature and Society*, **3** : 149-170.
35) Nagel, K. and Raney, B. (2004) : Interactions among actors and their behaviours : Multi agent simulations for traffic in regional planning. *Evolving Cities : Geocomputation in Territorial Planning* (Diappi, L. ed.), pp. 121-148, Ashgate.
36) 横田敬司・吉川　徹 (2001)：道路網とミクロ土地利用パターンを考慮した階層型マルチエージェントによる都市シミュレーション．地理情報システム学会講演論文集, **10**, 371-375.
37) Lombardo, S. et al. (2004) : Intelligent GIS and retail location dynamics : A multi agent system integrated with ArcGIS. *Lecture Notes for Computer Sciences*, **3044** : 1046-1056.
38) 瀧澤重志ほか (2000)：適応的マルチエージェントシステムによる都市の土地利用パターンの形成．日本建築学会計画系論文集, **528** : 267-275.
39) Diappi, L. (2004) : Introduction. *Evolving Cities : Geocomputation in Territorial Planning* (Diappi, L. ed.), pp. 1-8, Ashgate.

9 ジオシミュレーションと空間的マイクロシミュレーション

9.1 ミクロな単位からの地理的シミュレーション

9.1.1 地理的シミュレーションの潮流

　シミュレーションとは，子供のごっこ遊びのように，模倣された規則のなかでの動きを通して現象の理解をめざす行為である．コンピュータの登場により，シミュレーションで扱える複雑性の幅は飛躍的に広がり，地理的な空間を模したデジタルな「箱庭」を作り上げ，地理学的な現象の仮想実験を行う社会シミュレーションも可能となった．近年では，地理的システムのミクロな構成要素である個人や世帯，企業，土地区画を単位とした精緻な「箱庭」を築き上げる試みが進められ，現実世界の多様性や複雑性の本質的な理解が可能になるものと期待されている．このミクロな単位に着目する地理的シミュレーションの潮流として，大きくはジオシミュレーション（geosimulation：GS）[1]と空間的マイクロシミュレーション（spatial microsimulation：SMS）[2]の2つを確認できる．両アプローチは，その問題意識や発展してきた経緯は異なるものの源流を共有しており，それはGIS はおろか研究者へのコンピュータの普及もままならない 1952 年のスウェーデンに登場した．本章は，この古典的な研究を出発点とする，ミクロな単位から地理空間のなかの社会を模倣するシミュレーション研究について整理する．

9.1.2 ヘーゲルストランド 1952

　スウェーデンの地理学者ヘーゲルストランド（Hägerstrand）[3]は，牛結核対策の技術や，補助金つきの牧草地改良事業といった農場での新しい取り組み（イノベーション）が普及していく諸過程に共通する規則性を見出し，これを空間的拡

9.1 ミクロな単位からの地理的シミュレーション

散現象の一般的なプロセスの発現として理解すべく，シミュレーションモデルを作り上げた．

ヘーゲルストランドは，ラスタ GIS 的なセル空間に基づいて地理空間をモデル化し，ミクロな地理的単位として農家を各セルに配した．各農家は，イノベーションを採用したか，していないかのどちらかの状態をとり，一度イノベーションを採用したならば，これを取りやめることはない．シミュレーションでは等間隔に分けられた時間が想定され，各期に以下の規則に基づいた情報伝達が農家間で繰り返されるものとした．

(1) 情報伝達の規模：シミュレーションでの各時間 t において，それまで（$t-1$ 期まで）にイノベーションを採用した農家は，必ず別の農家1戸に情報を伝える．

(2) イノベーションの受容：イノベーションを採用した農家から情報伝達を受けた農家がイノベーションを採用していなかった場合，ただちにこれを採用する．

(3) 情報伝達の距離減衰性：この情報伝達は，対面的な接触を伴うものと想定し，距離の近い農家の間ほど情報が伝わる可能性が高いものと考える．具体的には，各農家が存在するセルを中心とした 5×5 の近傍セル空間（平均情報圏）を考え，各セルへの接触確率には中心から離れるに従って減衰する値（距離減衰的ウェイト）を与える（図 9.1(a)）．

(4) 情報伝達先の選択モデル：ただし，各セルで農家数は異なるので，これを考慮した上でどのセルに情報が伝達されるのかを考える必要がある．平均情報圏のセル i の距離減衰的ウェイトを w_i，農家数を f_i として，セル i の農家に情報伝達を行う可能性は次のような確率 p_i で与えられる．

$$p_i = \frac{w_i f_i}{\sum_j w_j f_j}$$

(5) ランダム性：実際にどのセルにイノベーションが伝えられるのかは，その確率に基づいて乱数により決定する．ただし，セル内に農家が複数ある場合，どの農家になるのかは再び乱数によりランダムに選ばれる．

イノベーションを採用した全農家が乱数に基づいた情報伝達の試行を行うとシミュレーションの1期が終了する．これを指定された回数繰り返す．

ヘーゲルストランドは，この空間的拡散プロセスに関する手続き的モデルに基

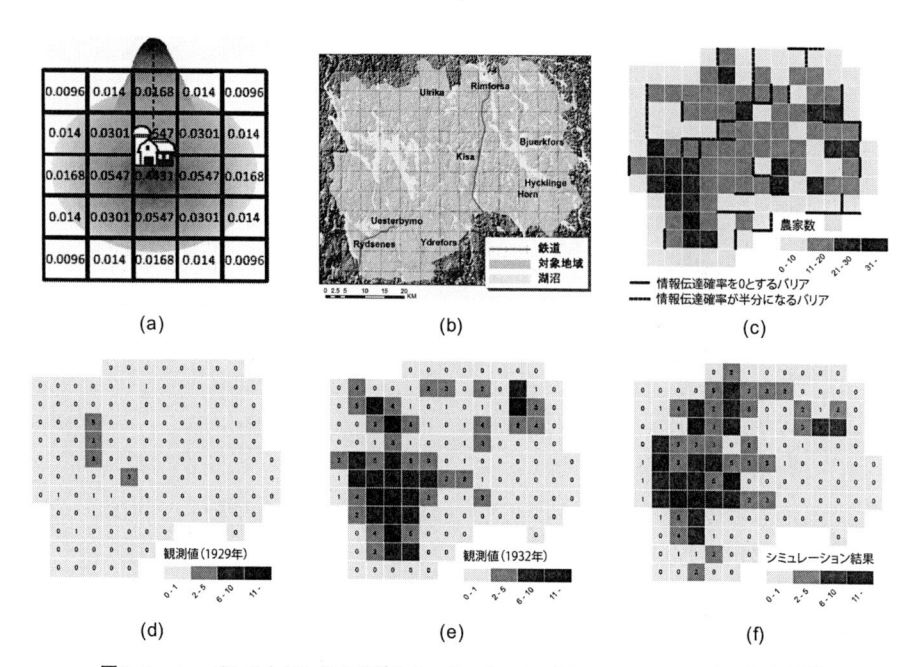

図 9.1 ヘーゲルストランドの拡散シミュレーション（Hägerstrand, 1953 を一部改変）[3]
(a) 平均情報圏：農家から離れるとともに情報伝達の可能性が低下するセルのウェイトが定義されている，(b) 対象地域と設定されたセル空間，(c) 農家の分布とバリア，(d) 1929 年のイノベーション採用済み農家数の分布，(e) 1932 年のイノベーション採用済み農家数の分布，(f) シミュレーションによる (e) に対応する結果．

づいて，何種類かのシミュレーションを示している．その最も代表的なものは，現実のスウェーデン南部アシュビー地区の状況にあわせて実施した，牧草地改良事業補助金の普及過程に関するシミュレーションである．まず，(i) この事業の対象となる小規模農家の数をセルごとに算出し，潜在的なイノベーション採用農家として配置した（図 9.1(c)）．また，(ii) 湖沼や谷など物理的な障害がある場合には，この障害を超える情報伝達は不可能か，情報伝達の可能性を半減させる操作を行った（図 9.1(b), (c)）．さらに，(iii) シミュレーションの初期状態として，1929 年において実際に当該補助金を受けていた 22 軒の農家がイノベーション採用済み農家として配置された（図 9.1(d)）．その結果，このヘーゲルストランドの作成したアシュビー地区の箱庭には，現実ときわめて類似したイノベーションの拡散過程が再現されたのである（図 9.1(e), (f)）．

9.1.3 ジオシミュレーションと空間的マイクロシミュレーションへ

　ヘーゲルストランドは，同じ初期条件から3度シミュレーションを試みたにすぎないが，多数回のシミュレーションによって，起こりうる歴史的経過の確率的な分布を得て，モデルの妥当性や，現実に観察された現象の蓋然性を推し量ることもできる．また，ヘーゲルストランドは，一様な空間での拡散実験を行い，採用者の広がりにみられる方角的な対称性（等方性）が容易に破れることを示しており，拡散現象の一般的規則性を理解する道具としてもシミュレーションを活用した．すなわち，これら一連のシミュレーションを通して，一般的な空間的拡散現象が生み出されるプロセスのモデル化と，観察される現象を再現できるほどの地理的システムの現実的なモデル化という両面が追及された．

　ミクロな単位の挙動が集団的なパターンを生み出すプロセスに着目し，これをモデル化する地理的なシステムのフレームワークは，情報科学との関連性を深めながら発展し，今日ではジオシミュレーションとして体系化が模索されている．9.2 節ではこの動向を整理する．

　他方で，シミュレーションを通してシステムの挙動の蓋然性を確かめながら現実的な意思決定を支援するフレームワークは，工学的・政策科学的分野と関連しながら，現実的なミクロな地理的単位の情報を操作する空間的マイクロシミュレーションを発展させた．9.3 節では，このアプローチについて解説する．

　最後に，9.4 節ではこの2つの方法論を融合させた，ミクロな単位のモデルに基づく大規模かつ操作的な地理的システムのシミュレーション研究について整理しておきたい．

9.2　ジオシミュレーション

9.2.1　空間のなかでの創発

　ミクロ単位でのシミュレーションが地理（学）的現象の理論的理解を助ける具体的な事例として，社会学者シェリング（Schelling）[4)] による人種の居住分離モデルをみてみたい．再びセル空間を考える．各セルには1つの仮想の世帯のみが暮らせると考える．世帯には〇と●の2グループがあり，初期状態ではランダムに居住している．また，どちらのグループの世帯も居住していない「空き地」もランダムに存在している（図9.2(a)）．各世帯は隣接する8セルを近傍空間とし

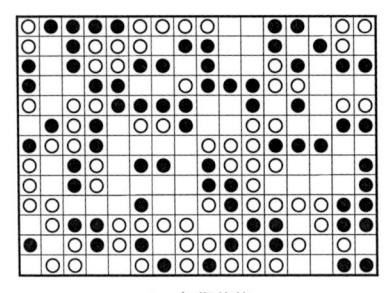

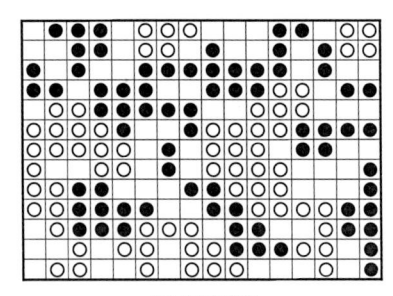

9. ジオシミュレーションと空間的マイクロシミュレーション

(a) 初期状態　　　　　　　　　(b) 終了状態

図 9.2　シェリングの居住分離シミュレーション（Schelling, 1971 を一部改変）[4]

て，そのなかで自分と同じグループの世帯が住んでいる割合を評価する．もし，その割合が一定の値 X より大きければ「満足」，小さければ「不満足」な状態をとる．不満足な状態になった世帯は，一番近くの満足できる空き地セルへと移住する．このルールを，各世帯について適当な順番で続けていく．

$X=1/2$，すなわち自分が少数派であるとわかれば移住してしまうケースでは，明確な居住分離が起こる（図 9.2(b)）．すなわち，異種の人々を互いに避ける気持ちがなくとも，同種の人々とともに住むことを望むことで，居住の分離が生じるのに十分な条件が整うのである．このような居住分離は X を減らすとともに，居住分離の地理的な形は複雑化するが，居住分離自体は $X=3/8$ 程度でも明確に出現した．この結果は，しばしば偏見のような互いに強い社会的反発が生むと考えられがちな居住分離の理解に一石を投じるものであった．

シェリングのシミュレーションでは，ミクロな意思決定主体が他のグループを避ける意図がなくても，居住分離という集合的な秩序が生み出される創発的な現象（自己組織化；self-organization[5]）が出現する．シミュレーションは，解析的に扱うことが難しい自己組織化のプロセスの操作的な理解を可能とする．

こうした自己組織化や創発の概念は，1990 年代以降，情報科学を中心とした複雑系の科学において飛躍的な発展をみせることになる．そこでは，近傍との相互作用といった一見単純な規則に基づいたシミュレーションモデルを用いて，人間社会や自然環境のなかでみられる複雑な秩序を形成するメカニズムが模索された．そのなかで，新たに提示された概念やモデルは，地理学におけるシミュレーション研究にも受け入れられた．

9.2.2 マルチエージェントシステムとセルオートマタ

ヘーゲルストランドの拡散シミュレーションやシェリングの居住分離モデルは，ミクロな意思決定主体をエージェントとして捉え，この多数のエージェントの相互作用が集合的な現象を生み出すマルチエージェントシステム（multi-agent system：MAS）の先駆的な研究である．どちらも，エージェントは「位置」と「状態」の属性をもち，また他のエージェントとの相対的な関係から定義される「近傍」の情報を受け取ることで，各エージェントが動くようにモデル化されている．ここでセル空間は，エージェントの位置を与える器である．

しかし，セル空間そのものも，土地利用のように地理的システムの構成単位としてその挙動が分析の対象となりうる．トブラー（Tobler）[6]は，セルの将来の状態が近傍のセルの状態にも依存して決定されるような地理学的規則の形式的一般性に着目し，セルの状態遷移を決める地理的モデル（geographic model）を示した．

$$S_{t+1} = T_s(S_t, N_t)$$

ここで，S_t：時期 t のエージェントの状態，N_t：このエージェントの近傍の情報，T_s：状態の遷移規則である．このモデルは，いわゆるセルオートマタ（cellular automata：CA）[7]に形式的に対応する．その具体例として，土地利用の遷移モデルを考えてみたい．このモデルでは次のように各セルの属性が与えられる．

　状態 S_t：どの土地利用のカテゴリーに属しているか

　近傍 N_t：周囲のセルの土地利用の状態はどのような構成か

状態遷移の例として S_t が農地であったとき，この農地の近傍セルのなかで市街地の割合が半分以上だと，農地は市街地へと変化すると考えよう．ただし，近傍の定義の仕方には，代表的なものにノイマン近傍とムーア近傍がよく用いられる（図9.3）．もしくは，中心セルからの距離に基づいた円形の近傍でもよい．このモデルでは N_t は隣接セルにおける市街地セルの割合となり，T_s の具体的な中身は次のような if-then 規則で示せる．

　　　if　S_t = "農地" AND N_t > 0.5　then　S_{t+1} = "市街地"

セルの状態と近傍の状態のとりうる組合せすべてについて，同様な規則の指定が必要である．もちろん if-then 規則ではなく，ヘーゲルストランドと同様に不確実性を加味した確率的な状態遷移規則を利用することも可能である．近傍の情報を考慮した土地利用の遷移モデルは，統計学的なモデリングを通してその妥当性が確かめられてきた[8,9]．

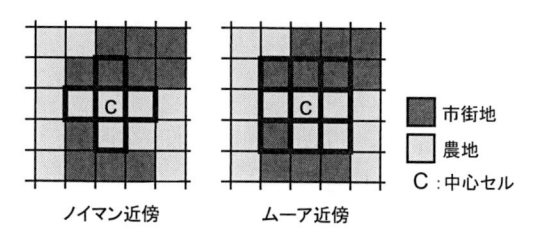

図9.3 セルオートマトンと近傍の定義
ノイマン近傍では辺を共有する隣接性で近傍を定義するが，ムーア近傍では辺と点の共有に基づく隣接性で近傍を定義する．この図の例では，近傍セルの市街地の割合が，ノイマン近傍では1/4，ムーア近傍では1/2（=4/8）となる．

ホワイト (White) とエンゲレン (Engelen)[10] は，より実用的な土地利用のCAとして，多様な土地利用の組合せに基づいた近隣効果を考慮し，かつ土地利用の全体な構成に対してはマクロな条件に基づいて決定する制約つきCAを提案した．現実の土地利用変化に生じる大局的なパターンの形態的な複雑性（フラクタル次元）が，こうしたCAによってよく説明されることが確かめられている．また，バティ (Batty)[11] は，土地利用のライフサイクルと年齢効果（一定の期間が経つと空き地として土地利用転換が起こる）を考慮するCAによって，都市域の拡大と衰退の両面をモデル化し，共同研究者のシェ (Xie) とともにGISデータを利用可能なアプリケーションDUEMを開発している．

9.2.3 地理的オートマタ

MASとCA両者においてエージェントあるいはセルは，状態，位置，近傍の属性と，その変換規則をもち，近傍から受ける外的な情報に基づいて自律的に稼働する．これに着目し，ベネンソン (Bennenson) とトレンスと (Torrens)[11] は，ミクロな地理的単位を地理的オートマタ (geographic automata) と呼ばれる仮想の自律的情報処理単位と捉えることで，MASとCAを統合した地理的システムをモデル化するフレームワークを提唱した．地理的オートマタシステム (geographic automata system : GAS) G は，次の7つの要素によって定義される．

$$G \sim (K\,;\,S,\,T_s\,;\,L,\,M_L\,;\,N,\,R_N)$$

K はオートマタの種類がエージェントかセルかの区別を行う識別子である．セルはその空間的な形状と関係なく，「存在論」的に特定の位置に固定化され地理空間を作り上げる建物や道路，土地利用区画のような存在であるが，エージェン

トはむしろ世帯や歩行者のような地理空間のなかにおかれる存在であり，位置が固定されるとは限らない意思決定主体である．ヘーゲルストランドの農家のような位置を固定する主体をエージェント，セルのどちらとみなすかは，この存在論的な区別にすぎない．

状態 S，位置 L，近傍 N はエージェントないしセルの3属性であり，ヘーゲルストランドのモデルの場合，状態 S_t は「イノベーションを採用したか，していないか」，位置 L_t は「どのセルに存在しているか」，近傍 N_t は「情報を伝達する空間の範囲とその可能性の分布」となる．

残りは各属性の遷移規則 T_S, M_L, R_N である．

状態遷移 $T_S : (S_t, L_t, N_t) \rightarrow S_{t+1}$

状態遷移 $M_L : (S_t, L_t, N_t) \rightarrow L_{t+1}$

状態遷移 $R_N : (S_t, L_t, N_t) \rightarrow N_{t+1}$

この定式化は，オブジェクト指向に基づいた地理的システムの汎用的表現となっている．オブジェクト指向においてモデル化されている事物はすべて，オブジェクト（すなわち，モノ）として認識され，これを表現するデータと処理規則はすべてオブジェクトに付随するものとみなされる．セルは地理空間そのもののオブジェクトであり，エージェントは地理空間のなかに位置する行為主体のオブジェクトである．なお，ヘーゲルストランドのモデルのように位置遷移が存在しないなど，遷移規則のない場合もある．さらに，ヘーゲルストランドが作り上げた障害のあるセルは，状態，位置，近傍のいずれの遷移規則も有しないセルであり，これらも地理的オートマタの派生物とみなせる．すなわち，地理的オートマタは，オブジェクト指向的な地理情報処理の考えに基づいて，地理的システムにおけるデータモデルとプロセスモデルを統一的に扱うことを可能とする．ジオシミュレーションとは，この地理的オートマタによって整理できる地理的システムの現代的なシミュレーション研究を，ベネンソンとトレンスが総称したものである．

9.3 空間的マイクロシミュレーション

9.3.1 複雑な動きから複雑な状態へ

マイクロシミュレーション（MS）は，個人・世帯・企業といったミクロな行

為主体の「現実的なデータ」をもとにしたシミュレーションの総称であり，ヘーゲルストランドの空間的拡散研究は，空間的マイクロシミュレーション（SMS）の先駆的業績でもある．ただし，ジオシミュレーションは，ミクロな地理的オートマタの相互作用に焦点をあて，しばしばミクロな単位の単純な挙動が複雑な集合的パターンを作り上げる点を強調する．他方で，シミュレーションの実用的な利用を考えた場合，ミクロな構成単位そのものの現実的な複雑さに目を向ける必要がある．

例えば，世帯への課税の仕組みは，世帯の子供の数とその年齢，配偶者の有無，世帯の合計所得などによって事細かに変化する．そのため，税金の制度設計によって，税収がどのように変化し，またどのような世帯で負担が増えるのか，あるいは減るのかを正確に知るには，個々の世帯の状態にあわせて新しい制度をあてはめて，その結果を集計せねばならない．

MSは，世帯のようなミクロな単位の複雑な属性を現実に即して詳細に推計し，これを実務的な問題解決のために活用する．MSを実行するためには，① ミクロデータ推計，② シミュレーションの実施，③ 再集計・分析の3つのステップを踏む必要がある．第1ステップでは，さまざまな手法を用いて，対象となるすべての個人・世帯のミクロデータ推計を実施する．第2ステップでは，政策評価を実施するために，いくつかのシナリオに基づいたシミュレーションが実行される．例えば，先の税金の場合，推計された世帯ミクロデータの属性に応じて課税額を算出し，これを新たな変数としてミクロデータに追加する．最後のステップでは，推計したミクロデータとシミュレーション結果を利用してクロス表の作成やデータの視覚化を行い，シナリオに基づいた政策実施時の全体的な影響を推し計る．

1950年代に経済学者オルコット（Orcutt）[12]によって提案されて以降，所得推計，年金推計，医療・介護需要予測，税金収支と控除の影響評価など，MSは多岐にわたる政策評価に利用されてきたが，その多くは地理的な次元を捨象してきた[13]．その一方，都市モデリングの理論研究を主導していたイギリスの地理学者ウィルソン（Wilson）[14]にとって，操作的な都市モデルの精緻化を進めるには，「存在しない」ミクロデータを利用する必要があった．当事の趨勢であった集計的な都市モデルでは，地区数とともに居住や経済活動の属性項目数を増やすと巨大な次元の集計表がデータとして必要となり，これがたちまち処理不能な情報量

9.3 空間的マイクロシミュレーション

となってしまう．また，利用するデータの項目や様式が異なるサブモデル間の接続も，実用的な都市モデルに関する運用上の課題であった．これを解決するには，ミクロデータのリストを記録し，各サブモデルの必要に応じて必要な分析や集計を行えばよい．こうした課題解決のために，位置情報をもった現実的なミクロデータを推計し操作する SMS が誕生した．

9.3.2 空間的ミクロデータの推計：モンテカルロサンプリングとリサンプリング

では，どのようにミクロなデータを推計すればよいのだろうか？ ウィルソンら[14]は，国勢調査によって公表されている集計表を活用し，ミクロデータを生成するモンテカルロサンプリングを提案した．これを以下の仮想の例を通して説明してみたい（図 9.4）．地区別の世帯数が世帯主の年齢別に示されているクロス表（地区×世帯主の年齢）が利用できるとしよう（表A）．同時に，この地区を含むより大きな地域での世帯主の年齢×世帯人員（表B）や，世帯人員×住宅タイプ（表C）のようなクロス表も利用できるとする．

ある地区の1世帯のミクロデータを生成するにあたって，この世帯の世帯主がどの年齢であるのかは，表Aの当該地区の行をみて，その構成比によってとりうる年齢の確率分布を求め，乱数によってその年齢を決定する．これで，この世帯の世帯主の年齢が決まる．

つづけて，表Bのこの世帯主の年齢に対応する行を参照すると，世帯主の年齢を条件とした世帯人員の条件付き確率分布が求められ，再び乱数の試行によりこの世帯の世帯人員が決まる．さらに，世帯人員が決まったことにより，どの住

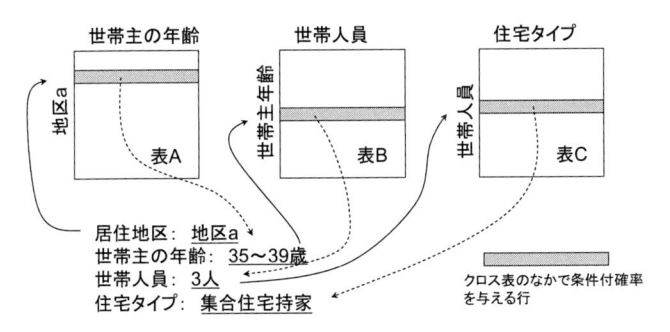

図 9.4 モンテカルロサンプリングによるミクロデータ生成
地区 a に居住する1世帯のミクロデータについて，世帯主年齢，世帯人員，住宅タイプを生成する例．世帯属性の下線部の項目が，乱数によって割りあてられた中身である．

宅タイプをとるかは，表Cから条件付き確率を求め，これも乱数試行により決定する．この一連の作業の結果，世帯主の年齢，世帯人員，住宅タイプが特定されたミクロデータが1つ完成する．この作業を，各地域の全世帯について繰り返すのである．この利用可能な現実の情報をもとに推計されたミクロデータを，合成ミクロデータ（synthetic microdata）と呼ぶ．

ただし，実際には2重クロス表ではなく，3重あるいは4重クロス表のような多重クロス表を利用すれば，一度の乱数試行により複数の変数項目を同時決定でき，かつ，この方が変数間の関係を正しく反映させることが可能である．このような多重クロス表は，通常のセンサスでは得がたいため，IPF（iterative proportional fitting）法を利用して，複数のクロス表を組合せて多重クロス表を作成する．これを複数利用したモンテカルロサンプリングが今日では一般的である[15]．

一方，もし対象地域の世帯に関する詳細なサンプルミクロデータが得られるのなら，このミクロデータを国勢調査の統計表と整合するようにリサンプリングする方が，精度の高い合成ミクロデータを作成できる[16]．例えば，アンケート調査によって得られる世帯のサンプルミクロデータが利用でき，各世帯は，世帯主年齢，世帯人員など，実際の属性をもっていると考える．図9.5に円形のボールで示されているのは，世帯データのサンプルミクロデータである．

リサンプリングは，このボールを各小地域に対応した箱（図中の四角形）に投げ入れるような問題である．ただし，同じボールを何度選んでもよい（復元抽出）．また，各箱には一定の容量があり，各小地域は例えば世帯規模別に収容すべき世帯数が決まっている．同時に，対象地域全体で，世帯主の年齢×世帯人員のようなクロス表が利用できれば，小地域に投げ入れた黒いボールを全地域で集計した結果は，このクロス表と一致せねばならない．すなわち，ここでの合成ミクロデータの生成は，この利用可能な集計表の周辺度数の制約を満たすように，ミクロデータをあてはめていく組合せ最適化問題にほかならない．この問題は非常に複雑であり，制約条件と十分に整合的なミクロデータの小地域別構成を一定の時間内で求めるために，ヒューリスティックな組合せ最適化アルゴリズム，シミュレーテッドアニーリング（SA）法がよく用いられる[17]．このリサンプリングされた結果に，モンテカルロサンプリングを組合せて，調査では得られなかった項目を付加することも可能である．

9.3 空間的マイクロシミュレーション

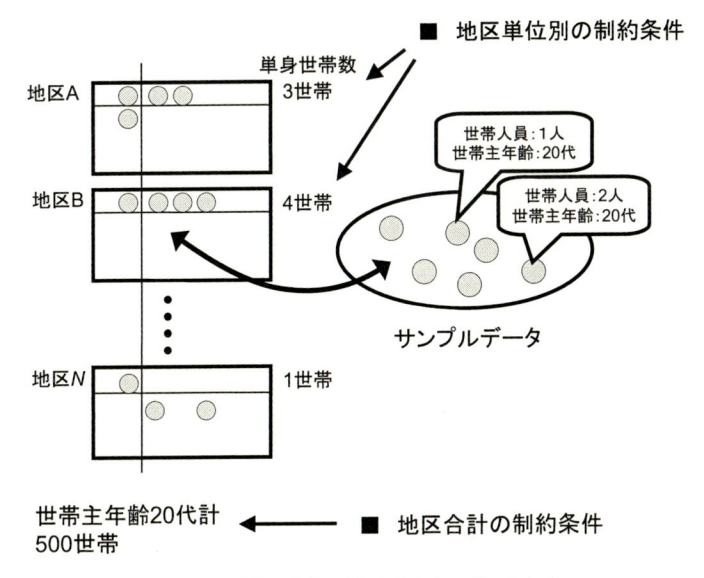

図9.5 リサンプリングによるミクロデータ生成

9.3.3 空間的ミクロデータの活用

SMSによって作成された合成ミクロデータには，推計に利用した小地域単位の位置情報が付加されており，GISを利用して詳細な分布を容易に確認できる．著者らが実施した消費者購買行動の分析[18]では，郵送調査による滋賀県草津市のおよそ7,800世帯のサンプルデータから草津市全世帯の消費行動を推計するために，町丁目×世帯人員別世帯数のクロス表と，草津市全体での世帯主年齢×世帯類型のクロス表を制約表として，サンプルデータをリサンプリングした．図9.6は，草津市消費者購買行動のサンプルデータとSMSによる合成ミクロデータの分布を，世帯主の年齢階級別に比較した例である．この世帯主の年齢という情報は，町丁目のような小地域単位別には国勢調査の集計表が公開されていない情報である．世帯主年齢が20歳代の世帯の割合は，単に回収率が低いばかりでなく回収率の大きな空間的偏りがあり，例えば通常のサンプルデータでは草津駅周辺で著しく当該の世帯割合が低くなっている．この点に着目すると，SMSは複雑な地理的サンプリング補正の方法とみなすこともできる．

またSMSは，通常の国勢調査では得られない情報の詳細な地理的分布の推計

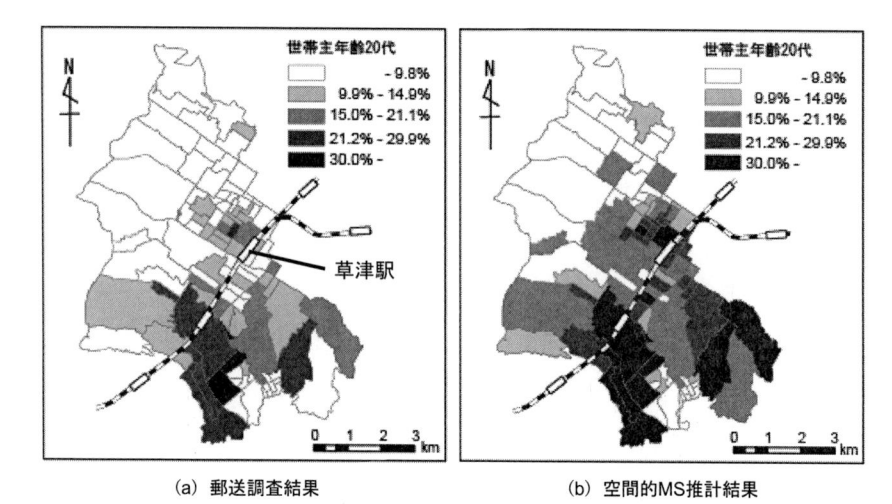

(a) 郵送調査結果　　　　　　　　(b) 空間的MS推計結果

図9.6　世帯主年齢が20歳代の世帯の町丁目別世帯比率（Hanaoka and Clarke, 2007 を一部改変）[18]

を可能とする．そしてその結果，詳細な世帯属性のクロス表を自由に作成できるようになる．例えば，町丁目×世帯主の年齢別×1世帯あたり家計支出額のような3重クロス表である．この点に着目すると，SMS は複数の地理情報を効果的につなぐデータリンケージの方法とみなすこともできる．

結果として得られた合成ミクロデータは，詳細な項目別の属性値をもち，これを利用してミクロな単位の評価値を求めるモデリングが可能となる．SMS は，これまで水道需要[19]や工場閉鎖[20]に伴う地域的なインパクトの評価など，主に政策的なモデリングに活用されてきた．また，買物先の選択モデルをリンクさせることで，店舗立地のインパクトを消費者のタイプ別に詳細にみるマーケティングへの応用も可能である[21]．この SMS 結果の活用においては，ミクロデータの空間的集計とその地図描画が多用されるため，これを効率的に行うべくバラス（Ballas）ほか[22]は，合成ミクロデータの推計から集計，地図への集計データ表示を同一環境下で行える空間的マイクロシミュレーションと GIS をカップリングした Micro-MaPPAS を開発している（図9.7）．

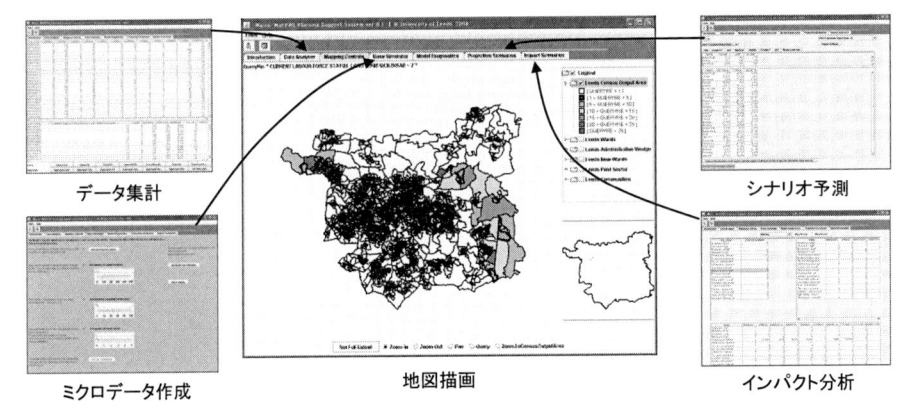

図9.7 Micro-MaPPAS

9.4 ジオシミュレーションと空間的マイクロシミュレーションの交差点

9.4.1 動的な空間的マイクロシミュレーションへ

　空間的マイクロシミュレーション（SMS）によって生成される現実的なミクロデータに出生，死亡，結婚・離婚などの世帯の変化といった人口学的変化を加えることで，長期的な都市の人口＝経済活動に関するダイナミクスを考えることもできる．イギリスやスウェーデン全体の地域人口推計をはかる SimBritain[23] や TOPSIM I/II[24] など，国家レベルでの政策の評価を可能とする大規模な空間的マイクロシミュレーションも開発されている．

　しかし，交通行動のような空間的移動を伴う動的な問題の解決にシミュレーションを利用する場合，ミクロな主体の「状態」ばかりをモデル化しては目的を達成できない．移動を伴う動的な現象を，ミクロな単位において評価する重要性とその方法を明らかにしたのは，再びヘーゲルストランドであった．

　ヘーゲルストランドの時間地理学（time geography）[25] は，時間と空間の収支に着目し，行動可能な時間と空間の範囲を通して，人の時空間的な行動の軌跡を理解する．この軌跡のなかには，特定の場所で決まった時間帯に滞在して行うべき活動が含まれる．その合間に生まれる行動可能な時空間領域（プリズム）において，時空間的移動を伴う交通行動が選択されて発生する．施設利用の可能性は，このプリズム内に，施設が位置と利用可能時間が同時に含まれているか否かで判

定される．この時間地理学の枠組みを利用した交通条件や施設の立地および利用可能時間に関する影響のシミュレーションは，いま１つの動的なSMSである[26]．

さらに，移動の手段や目的地の選択に関する意思決定モデル（ロジットモデルなどの離散選択モデル）を，時間地理学的な１日の活動スケジュールと活動機会の分布と組合せることで，時空間的な交通行動のより実態に即したシミュレーションが可能となる[27]．発生する交通行動は，その行動主体の属性によって事細かに異なるため，ここに合成ミクロデータを利用する必要性が生じる．

結果として，① 合成ミクロデータによる詳細な属性をもった個人の生成，② 属性に対応した活動スケジュールの付与，③ 土地利用などから活動機会の情報を生成，④ 属性と活動スケジュールにあわせた交通行動・交通経路の選択行動モデリング，を通して現実的な時空間的行動を行う地理的オートマタが完成する．ここに時間地理学からSMSに至る個人の時空間的行動に関する研究成果が１つにつなげられたことになる[28]．

この方法論に基づいた交通行動の動的なSMSには，TRANSIMS[29]などがあり，交通需要予測ばかりでなくCO_2排出量と交通政策の関係など，多様な交通政策評価の意思決定支援ツールとして実用化されている．さらに，ILUTE[30]など，膨大な地理情報から生成される地理的オートマタに基づいて，土地利用＝交通部門を統合した総合的都市モデルを構築し，交通政策の変化に伴う土地利用へのインパクトをも考慮した精緻な動的都市シミュレーションモデルの開発も進められている．

9.4.2 空間的拡散モデル再び

ヘーゲルストランドの空間的拡散モデルでは，近傍から受ける情報によって状態を遷移させる地理的オートマタが提示されているが，この情報を細菌やウィルスにおきかえれば，感染症の空間的拡散モデルへとそのまま移行できる．実際に，ヘーゲルストランドの定式化を利用した流行シミュレーション研究も多数試みられてきた[31]．しかし，ヘーゲルストランドのシミュレーションのように手続き（アルゴリズム）で示されるモデルは，モデルの検証や理論的な考察に不便であり，やがて感染症の流行の数理的なモデリング（理論疫学）に基づいた多地域流行モデルに取って代わられることになった[32]．

近年では，この理論疫学の枠組みと交通行動を考慮したSMSを利用して個人

単位の地理的な流行モデルを作成し、新型インフルエンザの世界的流行（パンデミック）や天然痘によるバイオテロといった大規模な健康危機をもたらす感染症の対策に用いる研究が脚光を浴びている[33]．こうした SMS による感染症流行の個体ベースモデル（individual based model：IBM）は、国内外で多数開発されているが、最も精緻なものは、上述の TRANSIMS に基づき交通行動の詳細なモデルから人と人の接触確率をモデル化した EpiSims[34,35]である．このシミュレーションモデルはアメリカ・ポートランド都市圏を対象とし、天然痘によるバイオテロが発生した際の流行拡大、およびワクチン接種や自宅待機などの対策の有効性をテストするために用いられた．その結果、流行発生後、隔離や自宅待機勧告、ワクチン接種などどのような対策であれ、これを実行に移すまでの時間の短さが最も重要であり、これが適切に行われれば、ワクチンの全員接種は不要であることを明らかにしている（図 9.8）．

この EpiSims では、① より現実的な多様さをもった個人を空間に配置し（空間的ミクロデータの推計）、② 1 日の活動スケジュールと交通行動によって平均情報圏に相当する接触・感染の可能性を精緻にモデル化（図 9.9）する（動的 SMS）ことで、ヘーゲルストランドよりもはるかに精緻な「箱庭」を作り上げている．感染症流行の IBM 研究は、ヘーゲルストランドの蒔いた、空間的拡散モデルと時間地理学という地理的なシミュレーションの種が、GIS 時代に結んだ果実といえるのだろう．

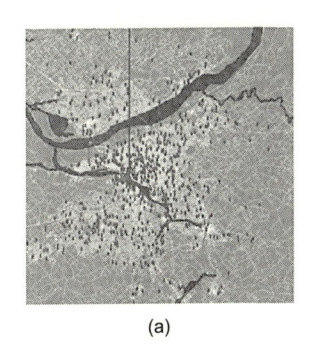

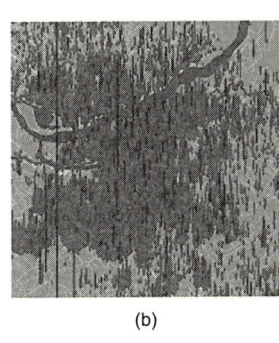

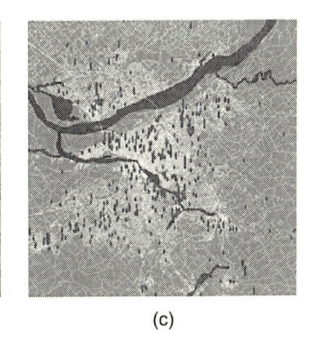

図 9.8　EpiSims によるポートランド市天然痘テロのシミュレーション（Barrett et al., 2004）[35] 灰色の直立するバーは、各地点の感染者の規模を示している．(a) 流行開始後 6 時間後の感染者分布、(b) 特定の対策をとらなかった場合の 40 日後の感染者分布、(c) 感染者の隔離とワクチン接種対策をとった場合の 40 日後の感染者分布．

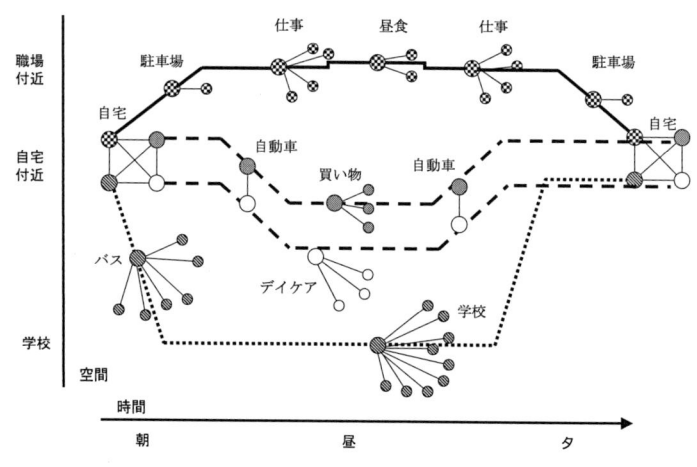

図 9.9 典型的な家族の1日の時空間的軌跡と接触ネットワーク（バレットほか，2005 を一部改変）[34] 図中の大きな円シンボルは4人家族の各構成員を，小さな円シンボルは彼（女）らが接触する家族外の人を示す．

9.5 残された課題

　ジオシミュレーション（GS）と空間的マイクロシミュレーション（SMS）は，ともに空間的にミクロな単位に着目して提案された地理情報処理の方法論である．GS は地理空間のなかの社会をモデル化する形式的なフレームワークを提供し，特に現象の複雑な動的性質の理解を重視する．他方，SMS は，現実的な空間的ミクロデータの統計的な処理に基づいて，現象の複雑さを踏まえた問題解決をめざし，これを達成するために利用可能な地理情報を最大限活用するフレームワークを提供する．ただし，説明のためにこのような区別を設けているが，実際には両者の区分は曖昧であり，決して排他的な区分ではない．

　GIS と地理情報処理技術の高度化は，精密な空間表現と柔軟な空間データの運用を可能とし，GS と SMS はかつて批判の対象となった大規模な都市モデルに比べれば，はるかに精緻で多様な（そしておそらくは実際に有用な）情報をもたらす．また，GIS とのリンケージとインターフェースの開発により，複雑なシミュレーションの利用もより容易なものとなった．しかし，かつての大規模な都市シミュレーション研究に投げかけられた警告[36]がすべて解決されているわけではない．特に包括的で動的なシミュレーションほど，その妥当性や頑健性を検

証する方法を欠く傾向は依然として認められる．地理的シミュレーション研究の評価・検証に関する枠組みの再構築は，今後に残された課題といえるだろう．

[中谷友樹・花岡和聖]

引用文献

1) Benenson, I. and Torrens, P. M. (2004) : Geosimulation : Automata-based Modeling of Urban Phenomena, Wiley.
2) Ballas, D. et al. (2005) : Geography Matters : Simulating the Local Impacts of National Social Policies, Joseph Rowntree Foundation contemporary research issues, Joseph Rowntree Foundation.
3) Hägerstrand, T. (1953) : Innovationsforloppet ur Korologisk Synpunkt, Gleerup. Pred, A. Trans. (1967) : Innovation Diffusion as a Spatial Process, University of Chicago Press.
4) Schelling, T. C. (1971) : Dynamic models of segregation. Journal of Mathematical Sociology, 1 : 143-186.
5) 水野 勲 (2003)：カオスと自己組織化モデル．地理空間分析（シリーズ〈人文地理学〉，第3巻，杉浦芳夫編), pp. 158-175, 朝倉書店．
6) Tobler, W. (1970) : Cellular geography. Philosophy in Geography (Gale, S. and Ollson, G. eds.), pp. 379-386, Kluwer.
7) 森下 信 (2003)：セルオートマトン―複雑系の具象化，養賢堂．
8) 花岡和聖 (2003)：近傍条件を考慮したロジスティック回帰モデルによる土地利用分析．GIS-理論と応用，11：35-44．
9) Landis, J. and Zhang, M. (1998) : The second generation of the California urban futures model. Part 2 : Specification and calibration results of the land-use change submodel. Environment and Planning B, 25 : 795-824.
10) White, R. and Engelen, G. (1997) : Cellular automata as the basis of integrated dynamic regional modeling. Environment and Planning B, 24 : 235-246.
11) Batty, M. (2005) : Agents, cells, and cities : New representational models for simulating multiscale urban dynamics. Environment and Planning A, 37 : 1373-1394.
12) Orcutt, G. H. (1957) : A new type of socio-economic system. Review of Economics and Statistics, 58 : 773-777.
13) Clarke, G. P. ed. (1996) : Microsimulation for Urban and Regional Policy Analysis, Pion.
14) Wilson, A. G. and Pownall, C. E. (1976) : A new representation of the urban system for modelling and for interdependence. Area, 8 : 246-254.
15) Birkin, M. and Clarke, M. (1988) : SYNTHESIS : A synthetic spatial information system for urban and regional analysis : Methods and examples. Environment and Planning A, 20 : 1645-1671.
16) Williamson, P. (1996) : Community care policies for the elderly, 1981 and 1991 : A microsimulation approach. Microsimulation for Urban and Regional Policy Analysis (Clarke, G. P. ed.), pp. 64-87, Pion.
17) 花岡和聖 (2006)：焼きなまし法を用いたパーソントリップ調査データの拡大補正法に関

する研究―平成12年度京阪神都市圏パーソントリップ調査データを用いて．都市計画論文集, 41：91-96.
18) Hanaoka, K. and Clarke, G. P. (2007): Spatial microsimulation modelling for retail market analysis at the small-area level. *Computers, Environment and Urban Systems*, 31：162-187.
19) Williamson, P. et al. (1996): Estimating small-area demands for water with the use of microsimulation. *Microsimulation for Urban and Regional Policy Analysis* (Clarke, G. P. ed.), pp. 117-148, Pion.
20) Ballas, D. and Clarke, G. P. (2001): The local implications of major job transformations in the city: A spatial microsimulation approach. *Geographical Analysis*, 31：291-311.
21) Nakaya, T. et al. (2007): Retail modelling combining meso and micro approaches. *Journal of Geographical Systems*, 9：345-369.
22) Ballas, D. et al. (2007): Building a spatial microsimulation-based planning support system for local policy making. *Environment and Planning A*, 39：2482-2499.
23) Ballas, D. et al. (2007): Using SimBritain to model the geographical impact of national government policies. *Geographical Analysis*, 39：44-77.
24) Holm, E. et al. (2000): Dynamic microsimulation. *Spatial Models and GIS : New Potential and New Models* (Fotheringham, A. S. and Wegener, M. eds.), pp. 143-165, Taylor & Francis.
25) ヘーゲルストランド, T. 著, 荒井良雄ほか編訳 (1989) 地域科学における人間．生活の空間　都市の時間, pp. 5-24, 古今書院.
26) Lentorp, B. (1978): A time-geographic simulation model of individual activity programmes. *Human Activity and Time Geography* (Carlstein, T. et al. eds.), Edward Arnold.
27) 北村隆一・森川高行編 (2002)：交通行動の分析とモデリング, 技報堂出版.
28) Timmermans, H. et al. (2002): Analysing space-time behaviour : New approaches to old problems. *Progress in Human Geography*, 26：175-190.
29) Barrett, C. L. et al. (2000): TRANSIMS : Transportation analysis simulation system, *Technical Report LA-UR-00-1725*, Los Alamos National Laboratory.
30) Miller, E. J. et al. (2004): Microsimulating urban systems. *Computers, Environment and Urban Systems*, 28：9-44.
31) 杉浦芳夫 (1975)：名古屋と隣接地域における"アジアかぜ"の都市間拡散―空間的拡散研究の一事例として―. 地理学評論, 48：847-867.
32) Nakaya, T. et al. (2005): Spatio-temporal modelling of the HIV Epidemic in Japan based on the national HIV/AIDS surveillance. *Journal of Geographical Systems*, 7：313-336.
33) Ferguson, N. M. et al. (2006): Strategies for mitigating an influenza pandemic. *Nature*, 442：448-452.
34) バレット, C. L. ほか (2005) 感染症を抑え込め―大規模予測モデルの実力．日経サイエンス, 6月号：66-75.
35) Barrett, C. L. et al. (2004): Understanding large-scale social and infrastructure networks : A simulation-based approach. SIAM News, 37(4), http://www.siam.org/pdf/news/227.pdf.
36) Lee, D. A. (1973): Requiem for large-scale models. *Journal of the American Institute of Planners*, 39：163-178.

10 空間モデリング

10.1 空間モデリングの意義

　空間モデリングという語は，現実世界の地物群を理想的な状態に単純化するだけではなく，それらに対する統計処理などを経て，システム，プロセス，構成要素の相互関係などを含む空間概念を構築するという意味で用いられる[1]．この空間モデリングは，複雑な現実世界を抽象化および一般化して容易に理解できるようにし[2]，また一般化した情報を高度に圧縮した形で伝達できるようにする．さらに現実世界と仮説との関係を検証することも可能とすることから，空間モデリングは既存の研究成果をまとめ，新たな研究を促進するのに役立つ[3]．

　空間モデルを扱う研究は，図10.1に示すように現実からのデータの取得から始まり，解析とモデル構築を経て，その検証を行った後，現実世界の理解へと進む[4]．モデリングの過程は，従来の地理学で行われていたモデル構築の方法と類似しており（図10.2），現実世界，モデル，考察・結論という段階が，理想化，数学的論証，統計的解釈などによって結ばれる[5]．このモデル化の前半では，現

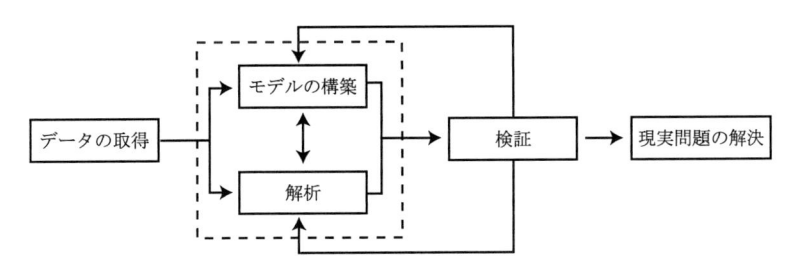

図10.1　研究の流れとモデル構築
解析のためのモデル構築を行う場合と，解析結果からモデル構築を行う場合がある．

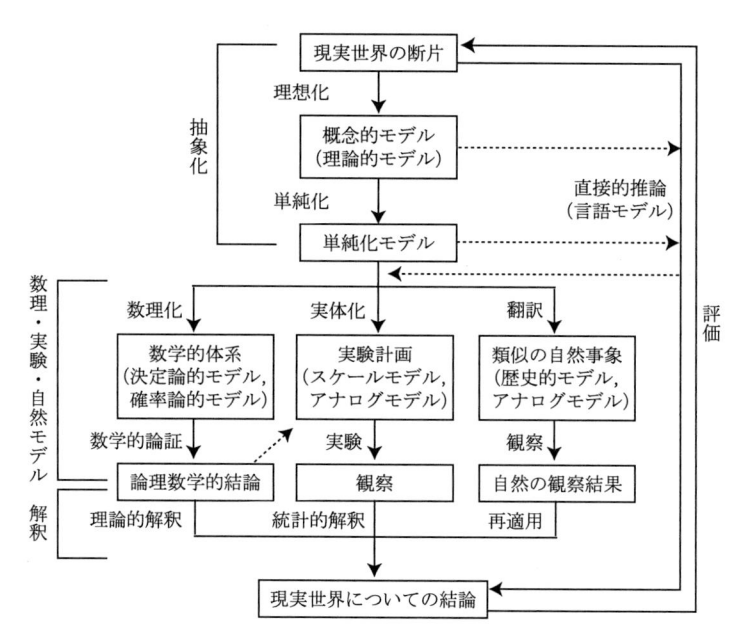

```
                    ┌─────────────────────────┐
                    │    現実世界の断片    │◄──────────┐
                    └──────────┬──────────────┘           │
           抽      理想化      ▼                          │
           象              ┌───────────┐                  │
           化              │ 概念的モデル │·········┐      │
                           │(理論的モデル)│        │      │
                           └──────┬────┘    直接的推論   │
                    単純化         ▼        (言語モデル)  │
                           ┌───────────┐        │        │
                           │ 単純化モデル │········┘        │
                           └──┬────┬───┬┘                 │
     数      数理化   実体化    翻訳                      評
     理     ┌──────┐┌──────┐┌──────┐                     価
     ・     │数学的体系││実験計画││類似の自然事象│             │
     実     │(決定論的モデル,││(スケールモデル,││(歴史的モデル,││
     験     │確率論的モデル)││アナログモデル)││アナログモデル)││
     ・     └──┬───┘└──┬───┘└──┬───┘                    │
     自  数学的論証     実験      観察                    │
     然     ┌──────┐┌──────┐┌──────┐                     │
     モ     │論理数学的結論││ 観察 ││自然の観察結果│          │
     デ     └──┬───┘└──┬───┘└──┬───┘                    │
     ル  理論的解釈  統計的解釈   再適用                  │
     解              ▼                                   │
     釈         ┌──────────────────┐                      │
                │ 現実世界についての結論 │◄─────────────┘
                └──────────────────┘
```

図10.2 モデリングの概要 (Chorley, 1964により作成)[5]

実世界の複雑性を単純化して理解を容易にするために地物の抽象化が行われ，後半では，数理モデル，実験モデル，自然モデルなどを適用して地物に対する操作がなされる[*1]．ただし，どのようなモデル化の過程を経るにしても，研究対象となる地物の単純化や理想化を進めて，それに操作を加え，結果を現実世界に再適用するという流れは共通のものとなっている[6]．なお，このモデル構築では，事象の抽出と加工に必要な知識の体系的な蓄積や，データの潜在的構造および現象の本質を取り出す技術の蓄積が重要となる．

一般に，モデルは，記述モデルから予測モデル，さらに意思決定モデル（規範モデル）へと発展させることができる[7]．まず，記述モデルは，静的あるいは動的な視点により任意の時点における現実世界を一般化および抽象化し，問題の性質や構造についての理解を深めるために用いられる．次に，予測モデルは，動的

[*1] ハゲット (Haggett)[6] によると，人文地理学の分野において，数理モデルはアイザード (Isard) の距離投入方程式など，実験モデルは熱伝導理論によるホテリング (Hotelling) の移動論など，自然モデルはギャリソン (Garrison) の都市成長理論などに代表される．なお，この空間モデルの構築には，単純な仮定から出発してから複雑なものへと発展させる方法と，複数の仮定の集合体から単純なモデルを抽出する方法とがあり，いずれの方法をとるかはモデル化する事象の性質による．

視点により将来的な状況を予測し，原因と結果，あるいは独立変数と従属変数の相互関係を表すために構築され，一般に回帰分析などの統計的手法が多く用いられる．さらに，意思決定モデルは，予測モデルの結果などによって，問題に対する最適解を提供するために構築される[*2]．なお本章では，空間モデリングで扱うデータモデルについて説明した後，記述モデル，予測モデル，意思決定モデルという順番で解説を行う．

10.2 空間データモデル

10.2.1 構造化モデル

　GISにおける空間モデルという用語は，デジタル標高モデル（digital elevation model：DEM）やデジタル地形モデル（digital terrain model：DTM）のようにデータの作成・表示方法として使用される場合があり，これは現実世界を単純化する空間データモデルの意味で用いられ，前述の概念的なモデル化の前半部分に該当する[8]．空間モデリングでは，いかなる空間データを用いるかで結果が異なるため，データモデルの作成は重要である．

　空間モデリングにおけるデータモデルは，各種地図，航空写真，衛星画像，統計表およびその他関連する情報をソースとして，現実世界を数値的かつ論理的に表現された空間オブジェクトに変換することで作成される．

　現在行われているデータのモデルとしては，構造化モデル[*3]やオブジェクト指向モデルなどがある．構造化モデルでは，操作プログラムとデータの集合としてシステムが作られ，中心的な操作プログラムによって空間データモデルの構築が行われる（図10.3）．

　地理空間は地質，地形，植生などの空間データを層状に積み重ねたレイヤ群として表現することができ，このレイヤ化した空間データにより構造化モデリングが行われる．レイヤでは，空間データと属性データとが別々に記録され，両者をフィーチャーの識別IDによってリンクするリレーショナル構造をとることで，空間情報の蓄積が測られる．このレイヤ化された空間データからは，オーバーレイなどにより新たな空間データおよび属性データが生成される．なお，空間デー

[*2] このモデルは，将来の状態が確定的である場合には，通常の最適化モデルを求めることとなる．
[*3] ここでは構造化プログラミングに対応したモデル構築を構造化モデリングと呼ぶ．

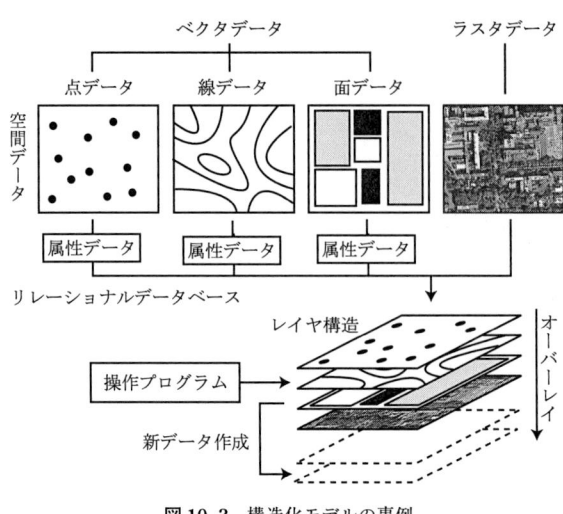

図10.3 構造化モデルの事例

タは内容によってラスタ形式，またはベクタ形式として記述することができ，離散的な地物が集まるレイヤはベクタ形式で，連続的に変化する地表はラスタ形式で記述されることが多い[9]．

このラスタ形式のデータモデルは，地表をセルに分割し，セル内の情報を数値化することによって地物の位置や形状を表現しており，画像データに位置情報を付加したものである．

また，ベクタ形式のデータモデルは，点，線，面で構成され，位相，形と大きさ，位置と方向の幾何構造をもち，それぞれ名前あるいはコード番号が付され，属性と対応する．このベクタ形式のデータモデルでは，空間内挿などにより有限個の観測値から，観測地点以外の任意の地点における値を推定して空間内挿を行うことで，新たなデータを作り出すことも多々行われる．この空間内挿には点内挿，線内挿，面内挿があり，点内挿は，雨量や気温などの気象観測値など観測点数が少なく近隣の観測点と連続性が限られているような場合，線内挿や面内挿は，デジタル標高モデル，ジオイド，気象モデル（降雨，気温，気圧など）など連続曲面上の点を内挿するのに用いられる．空間内挿の手法としては，複数の地点で得られたサンプリングデータから，予測標準誤差を最小化するように一定区間内の連続的なデータ分布を予測するクリギング（kriging）など地球統計学的手法が開発されている[10,11]．

10.2.2 オブジェクト指向モデル

構造化モデルでは操作プログラムとデータとが分離したシステムが作られるのに対して，オブジェクト指向モデルでは，操作プログラムと空間データおよび属性データを内部にもつオブジェクトの集合としてシステムが作られる．このシステムの構造は実行時に変更でき，オブジェクトを生成してシステムの構造に追加することや，既存のオブジェクトを別オブジェクトと交換することなどができる．操作の流れを決めるのはオブジェクトであり，オブジェクト自身が次のオブジェクトに操作の実行命令を行う．

構造化モデルでは，地物間の空間的整合性を保つため位相構造の構築を行うが，空間データに関わる操作は別に設定される．しかし，現実世界では，空間データだけではモデル化できない事象がある．そこで，1990年代以降に発展してきたオブジェクト指向の考え方が，地理情報の記述と地理データベースの開発にも適用された．

オブジェクト指向モデリングの特徴は，現実世界をオブジェクトの集まりとして把握することと，現実世界における地物間関係を，そのオブジェクトの間のやりとりにおきかえることである[12]．このオブジェクト指向の概念と，人間が物事を認識する仕方とは非常に似ているため，オブジェクト指向モデリングは，物事の認識を整理しやすい方法である．

オブジェクト指向モデルにおける地物は，図形データ，属性データおよび操作（メソッド）という3つの部分から構成され，操作にはオブジェクトの手続きに関するプログラムが記述される（図10.4）．このモデルで共通特性をもつオブジェクトが集まったものをクラスと呼ぶ．オブジェクトはクラスから派生したものと考えられ，オブジェクトのデータと操作は，クラスによって定義されている．クラスを定義することにより，オブジェクトがどのような属性や操作をもつのかを一括して定義することができる．なお，通常，このクラスの定義集は，UML (Unified Modeling Language) のクラス図という形で表現される（第3章を参照）．現在，地理情報標準プロファイル（JPGIS）では，現実世界の形状を記述するための基本的なデータ構造を空間スキーマとして体系的に提供しており，それはオブジェクト指向データモデルの形で表されている[*4]．

166　　　　　　　　　　　　　10. 空間モデリング

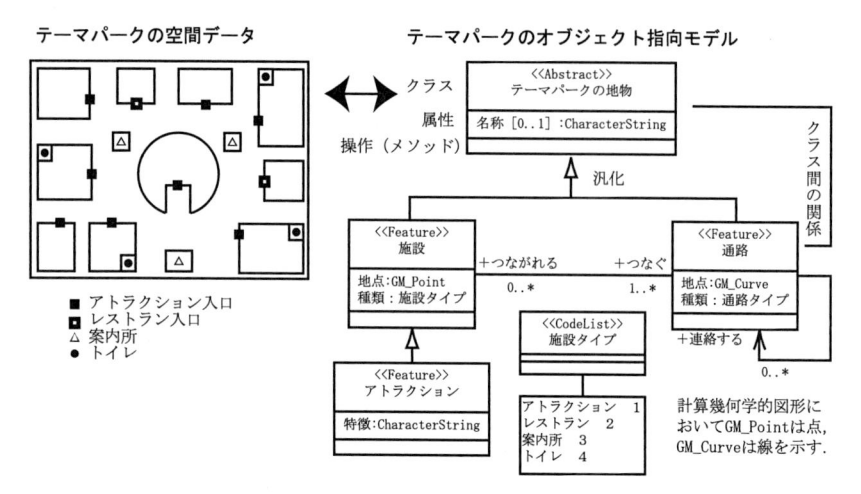

図 10.4　オブジェクト指向モデルの事例

10.3　記述のための空間モデリング

　GIS で空間モデリングを行う場合，まず，前述した空間データモデルを用いて，統計的あるいは決定論的な数学的手法による記述モデルが構築される[13]．この記述モデルには，経験的な観測に基づき確率変数を含む統計モデルと，確率変数を含まない決定論的モデルがある．これらのモデルは，いずれも静的視点と動的視点でモデル化することができ，静的視点では，静的な要因によってクロスセクション的なモデルが，動的視点では，動的な要因により変化モデルや時系列的なモデルなどが導かれる[*5]（図 10.5）．

　ここで，静的視点と動的視点とを比較するため，橋本[14]のブール代数アプローチを援用した農家特性と栽培計画に関するモデル構築の事例を示す[*6]．モデル化の対象地域は北海道十勝管内に位置する 819 の農業集落であり，データとしては農林統計協会発行の農業センサス農業集落カードを用いる．これは，農家の経営

[*4]　地理情報に関しては，ISO/TC 211 という国際標準化機構の専門委員会において，標準規格が作成されている．日本では，その普及促進のために，ISO 国際規格案に準拠し，使いやすく整理した実用版である「地理情報標準プロファイル（Japan profile for geographic information standards：JPGIS）」が作られた．この地理情報標準プロファイル（JPGIS）では，ベクタ形式の空間データを，現実世界の形状を記述するための基本的なデータ構造を空間スキーマとして体系的に提供しており，それは座標幾何学的な図形，計算幾何学的な図形，集合体，複合体，幾何抽象体というパッケージに分類される．

10.3 記述のための空間モデリング

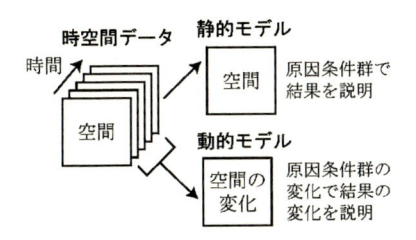

図10.5 静的モデルと動的モデル

形態や耕作状況，農業人口などを集落ごとに集計したものであり，5年おきにデータが入力されている．この事例では，まず行に819集落×6年次（1970, 1975, 1980, 1985, 1990, 1995年），列に経営規模や労働者の男女別・年齢別構成などの38項目を配した行列から，原因条件群の因子を抽出する．次に，行に819集落×6年次，列に作物別収穫面積や家畜別頭数などの19項目を配した行列から，結果群の因子を抽出する（図10.6）．

まず，静的視点によるものとして，原因条件群と結果群の標準化因子得点が0.0以上であるものを真として1を，0.0未満であるものを偽として0を代入し，ブール代数アプローチによる各年次のモデル化を行うと，1970年代には，畑作および酪農が，経営耕地規模や就業者特性に関して類似した条件で行われていたことや，それが1985年以降には，両者の間で経営条件の相違が大きくなっていることがわかる（表10.1）．次に，動的視点によるものとして，原因条件群と結

[*5] 例えば，都市内部における人口の分布を要素として，店舗の立地を説明するモデルを考える場合は，静的なモデルとなる．このモデルでは，一時点における商業街の店舗集積，業種構成により規定される商業集積地の階層性，店舗あるいは商業集積地の勢力圏などを検討できる．それに対して，人口変化を要素として，店舗の立地変化を説明するモデルを考える場合は，動的なモデルとなる．ここでは，人口の郊外化や都心再集中といった動きに対応して，既存商店街における店舗数変化，新規商店街の出現，店舗あるいは商業集積地の勢力圏の変化などを説明するモデルが検討できる．ただし，ここでモデル化されるのは時系列的変化に関するものであり，中心地理論による商業集積地の階層性といったクロスセクション的な概念についてモデル化を行うことができない[15]．

[*6] ブール代数では，複合命題（compound statement）と，それを構成する個々の命題（statement）との真偽関係からモデル構築を行うことが問題となり，任意の複合命題が真（true）であるためには，それを構成する命題群が，それぞれ真あるいは偽（false）であることの必要性を検証する．一般にブール代数では，その命題が真である場合には1，命題が偽である場合には0と表記し，これらを真理値と呼ぶ．なお，基本的なブール演算はOR演算（論理和），AND演算（論理積），NOT演算（論理否定）の3通りである．ブール代数では，積和形の項数が最小となるように行うブール関数の簡単化が必要となる，ここではクワイン-マクラスキー法による簡単化の手順を適用する．この方法は，変数の総数に制約がなく，コンピュータ計算に適したアルゴリズムを有するため，GISの利用に適している．

168   10. 空間モデリング

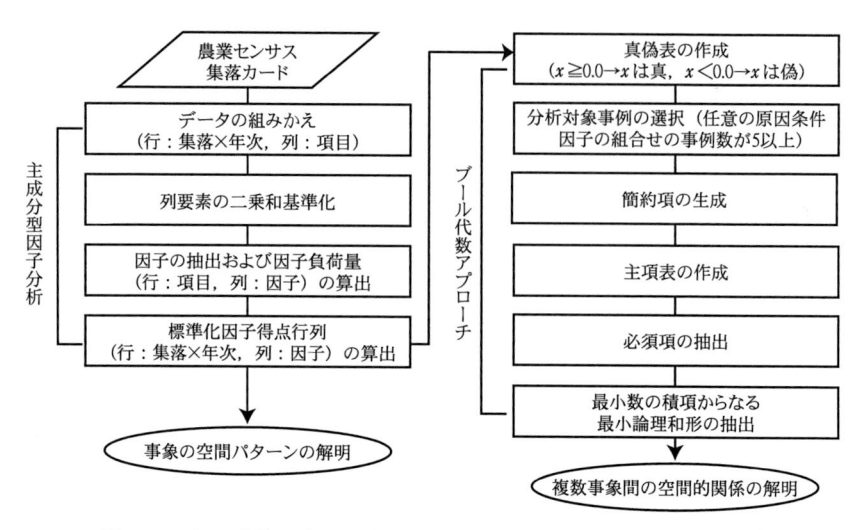

```
                                                          真偽表の作成
                        農業センサス                     (x≧0.0→xは真，x＜0.0→xは偽)
                        集落カード
主                                                      分析対象事例の選択（任意の原因条件
成    ┌─    データの組みかえ         ┐  ブ            因子の組合せの事例数が5以上）
分    │   （行：集落×年次，列：項目） │  ー
型    │                                │  ル            簡約項の生成
因    │   列要素の二乗和基準化         │  代
子    │                                │  数
分    │   因子の抽出および因子負荷量   │  ア            主項表の作成
析    │   （行：項目，列：因子）の算出 │  プ
      │                                │  ロ            必須項の抽出
      └─  標準化因子得点行列         ┘  ー
          （行：集落×年次，列：因子）の算出 チ        最小数の積項からなる
                         │                                最小論理和形の抽出
                         ↓
                事象の空間パターンの解明            複数事象間の空間的関係の解明
```

図10.6　ブール代数アプローチを用いたモデル構築（橋本，2002により作成）[14]

表10.1　農業経営と栽培計画に関するモデル（橋本，2002より作成）[14]
[ブール代数アプローチによる静的モデル]

	y_1	y_2	y_3
1970年	$x_1 x_2 x_3 x_4 x_5 + x_1 \bar{x}_2 \bar{x}_3 (x_4 + x_5)$	$x_1 x_3 x_4 x_5 + x_1 \bar{x}_2 (\bar{x}_3 + x_4)$	$x_1 x_3 x_4 x_5 + x_1 \bar{x}_2 (\bar{x}_3 + x_4)$
1975年	$x_1 \bar{x}_4 (\bar{x}_3 + x_5) + x_1 \bar{x}_2 (\bar{x}_3 + x_4) + x_1 x_3 (x_4 + x_5)$	$\bar{x}_2 x_3 x_4 \bar{x}_5 + x_1 (\bar{x}_4 + \bar{x}_2 + x_3)$	$x_1 x_3 x_5 + x_1 (\bar{x}_4 + \bar{x}_2)$
1980年	$x_1 (\bar{x}_4 + \bar{x}_2 + x_3)$	$x_1 (\bar{x}_4 + \bar{x}_2 + x_3)$	$\bar{x}_2 x_3 \bar{x}_4 x_5 + x_1 (\bar{x}_4 + \bar{x}_2 + x_3)$
1985年	$x_2 (x_1 + x_3)$	$x_2 x_3 (\bar{x}_5 + \bar{x}_4) + x_1 x_2 x_4$	$x_2 x_3 (\bar{x}_5 + x_4) + x_1 x_2$
1990年	$x_2 (x_1 + x_3)$	$x_2 (x_1 + x_3)$	$x_1 x_2 \bar{x}_3 \bar{x}_4 x_5 + x_2 x_3 x_4 x_5 + \bar{x}_1 x_2 x_3$
1995年	$x_2 (x_1 + x_3)$		$x_1 x_2 (\bar{x}_5 + x_4) + x_2 x_3 (\bar{x}_4 + x_5)$

	y_4	y_5
1970年	$x_1 x_2 x_3 x_4 x_5$	$x_1 x_3 x_4$
1975年	$x_3 x_4 (\bar{x}_1 \bar{x}_2 \bar{x}_5 + x_1 x_3 x_5)$	$x_3 x_4 (\bar{x}_2 \bar{x}_5 + x_1 x_2)$
1980年	$\bar{x}_4 (x_1 x_2 \bar{x}_3 \bar{x}_5 + \bar{x}_1 \bar{x}_2 x_3 x_5) + x_1 x_2 x_3 x_4$	$x_1 x_3 x_4 (\bar{x}_2 \bar{x}_5 + x_2 x_5)$
1985年	$x_1 x_2 (\bar{x}_3 \bar{x}_4 x_5 + x_3 x_4 + x_3 x_5)$	$x_2 \bar{x}_3 \bar{x}_5 (\bar{x}_1 + x_4)$
1990年	$x_1 x_2 (\bar{x}_3 \bar{x}_4 x_5 + x_3 x_4 + x_3 x_5)$	
1995年	$x_1 x_2 \bar{x}_4 x_5 + \bar{x}_1 x_2 x_3$	

10.3 記述のための空間モデリング

[ブール代数アプローチによる動的モデル]

	y_1	y_2	y_3
1970～1975年	$x_1\bar{x}_2\bar{x}_3 x_5+x_1 x_2\bar{x}_4+$ $\bar{x}_1 x_2 x_5+x_2 x_3 x_5+x_2 x_4$	$x_1 x_2 x_3 x_4 x_5$	$x_5(x_1\bar{x}_2\bar{x}_3+\bar{x}_1 x_2\bar{x}_3+x_1 x_2 x_3)+$ $x_1 x_3\bar{x}_4+x_2\bar{x}_4$
1975～1980年	$x_1(\bar{x}_4+\bar{x}_3)+x_2(\bar{x}_3+\bar{x}_1)+$ $x_3(\bar{x}_4+\bar{x}_1)+x_4 x_5$	$x_1 x_2 x_3 x_4 x_5$	$x_5(x_3\bar{x}_4+\bar{x}_3 x_4)+$ $x_1(\bar{x}_4+\bar{x}_3+\bar{x}_2)+$ $x_2(\bar{x}_4+\bar{x}_3+\bar{x}_1)+x_5(x_1+x_2)$
1980～1985年	$x_2\bar{x}_3 x_4\bar{x}_5+\bar{x}_1 x_2$		$x_2\bar{x}_3 x_4\bar{x}_5+\bar{x}_1 x_2$
1985～1990年	$x_1 x_3 x_4\bar{x}_5+x_1 x_2 x_3\bar{x}_5+$ $\bar{x}_2 x_3 x_4\bar{x}_5+x_5(x_1\bar{x}_3+\bar{x}_1 x_3)+$ $x_2\bar{x}_4\bar{x}_5+\bar{x}_1 x_3 x_4+\bar{x}_3 x_4 x_5+$ $\bar{x}_1 x_4 x_5+x_2\bar{x}_3+\bar{x}_1 x_2$	$x_1\bar{x}_4(x_2\bar{x}_3+x_2 x_3)+$ $\bar{x}_1 x_2(x_3\bar{x}_4+x_3 x_4)+$ $x_1\bar{x}_3(x_4\bar{x}_5+\bar{x}_4 x_5)+$ $\bar{x}_1\bar{x}_4(x_3\bar{x}_5+\bar{x}_3 x_5)+$ $\bar{x}_4 x_5(x_1\bar{x}_2+\bar{x}_1 x_2)+$ $\bar{x}_1 x_2\bar{x}_3 x_5+\bar{x}_1 x_2\bar{x}_4 x_5+$ $\bar{x}_2 x_3 x_4 x_5$	
1990～1995年	$x_1(x_3\bar{x}_4+\bar{x}_3 x_4)+$ $x_5(x_3\bar{x}_4+\bar{x}_3 x_4)+$ $x_1\bar{x}_5(\bar{x}_3+\bar{x}_4)+\bar{x}_2 x_5(x_3+x_4)+$ $x_2(\bar{x}_1+\bar{x}_3+\bar{x}_4)$		$x_1\bar{x}_3\bar{x}_5+\bar{x}_1 x_3 x_4+x_3\bar{x}_4 x_5+$ $\bar{x}_2 x_4 x_5+x_1\bar{x}_4+\bar{x}_1 x_2$

	y_4	y_5
1970～1975年	$x_1 x_3\bar{x}_4\bar{x}_5+x_2\bar{x}_4(x_1+x_3)+$ $x_2\bar{x}_5(\bar{x}_1+x_3)$	$x_1 x_2 x_3 x_4 x_5$
1975～1980年	$x_1 x_3 x_4 x_5+$ $\bar{x}_3\bar{x}_5(x_1\bar{x}_2+\bar{x}_1 x_2)+$ $x_2\bar{x}_4(\bar{x}_1\bar{x}_3+\bar{x}_1 x_3)+x_1\bar{x}_2 x_4$	$\bar{x}_1 x_2\bar{x}_3\bar{x}_5+\bar{x}_2 x_3 x_4\bar{x}_5+$ $x_1 x_3 x_5$
1980～1985年	$\bar{x}_1 x_2(x_3 x_5+\bar{x}_4)$	$\bar{x}_1 x_2$
1985～1990年	$x_1 x_2 x_3 x_4\bar{x}_5+$ $x_1 x_4(\bar{x}_3\bar{x}_5+\bar{x}_2 x_5+\bar{x}_2\bar{x}_3)$	$\bar{x}_2 x_3(\bar{x}_1\bar{x}_4 x_5+x_1 x_4\bar{x}_5)$
1990～1995年	$\bar{x}_1\bar{x}_2\bar{x}_3 x_4+\bar{x}_2 x_3 x_4 x_5+$ $\bar{x}_1 x_2 x_3 x_5+x_1\bar{x}_3(\bar{x}_5+\bar{x}_4)+$ $x_2\bar{x}_4(x_1+\bar{x}_3)$	

【原因条件群】x_1：中規模経営因子，x_2：大規模専業経営因子，x_3：小規模兼業経営因子，x_4：高齢従業者因子，x_5：自給的農家因子．
【結果群】y_1：麦・根菜・工芸作物因子，y_2：雑穀・豆因子，y_3：酪農因子，y_4：園芸因子，y_5：稲因子．
xおよびyは真，$\bar{x}$および$\bar{y}$は偽を表す．

果群の標準化因子得点の年次間増減値が0.0以上であるものを真として1を，0.0未満であるものを偽として0を代入し，変化に関するモデル化を行うと，1985年以降，農家の経営規模が大規模なものと小規模なものに両極化しており，

それが畑作や酪農に関する栽培計画の変化に影響していることがわかる．

以上のように現実世界の一般化および抽象化において，静的要因によるクロスセクション的なモデルを導くのか，動的要因による変化モデルを導くのか，情報の必要性に応じた視点の選択が必要となる．

10.4 将来予測のための空間モデリング

GIS では記述モデルを発展させて，空間情報に関する予測モデルの構築を行っており，それは気象庁の天気予報や災害警報，地球シミュレータセンターを中心とする地球温暖化予測プロジェクトなど多方面において利用されている．この予測モデルは確率過程に基づいて作成されるもので，図 10.7 のように一変量時系列モデルや多変量時系列モデルがある[16,17],*7．一変量時系列モデルは，単一の情報のみを用いる統計的モデルであり，温暖化の影響による海水面の上昇を時間の関数としてモデル化する場合などに用いられる（図 10.8）*8．多変量時系列モデルは，複数の変数を同時に考慮し，それらとの関係から予測値を算出する統計的モデルである．多変量時系列モデルの例としては，鈴木と木村[18]の局地的環境変化の予測や，国立社会保障・人口問題研究所などで行われているような人口の

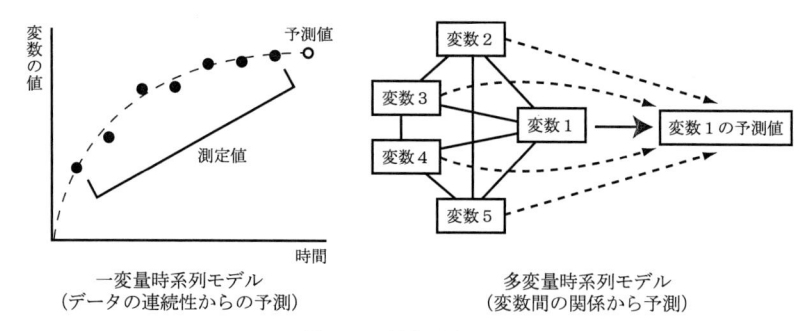

図 10.7　将来予測モデル

---

*7　そのほかに，変数が離散時間か連続時間か，統計モデルが線形か非線形かということによっても，異なる統計モデルとなる．

*8　2001 年に発表された ICPP（気候変動に関する政府間パネル）第 1 作業部会の報告によると，同じペースで二酸化炭素の排出が続くと，温暖化により 1990～2100 年に海面が 9～88 cm 上昇するという予測がなされている．この場合，海水面上昇による海岸線変化を，時間の関数としてモデル化することができる．

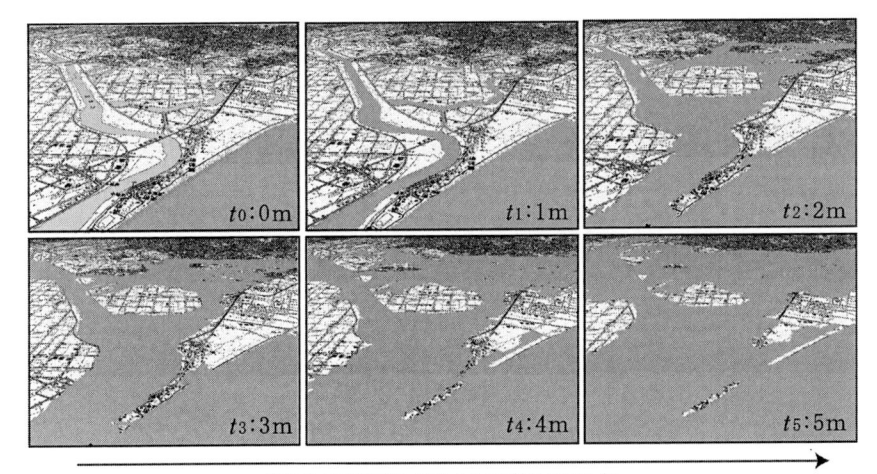

10.4 将来予測のための空間モデリング

$t_0:0m$ $t_1:1m$ $t_2:2m$
$t_3:3m$ $t_4:4m$ $t_5:5m$

海面上昇を時間の関数として空間モデル化

図 10.8 一変量時系列モデルの事例

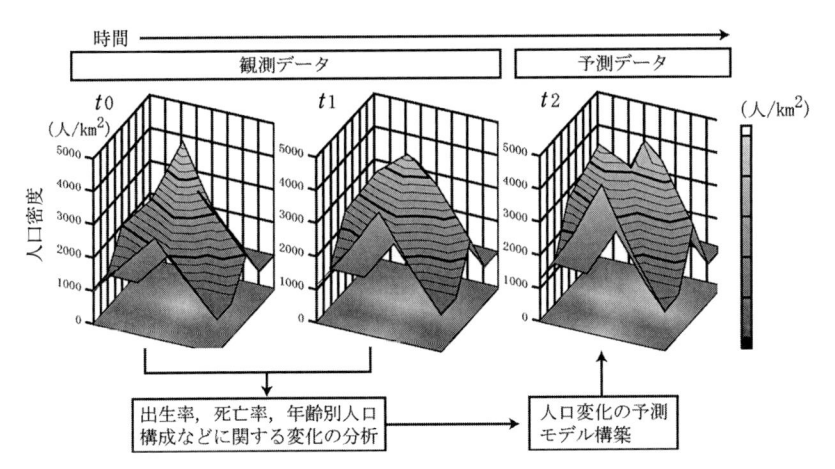

図 10.9 多変量時系列モデルの事例

将来推計などに用いられる（図 10.9）．

統計的な時系列モデルによる将来予測は，任意の期間における情報の外挿であり，用意されたシナリオに基づいて長期間における安定した構造の定式化が目的となる．予測モデルは，この構造を説明しようとすることから構造方程式といわれ，社会や経済の予測では，さまざまな数学的手法が利用される．その際，予測に用いられるデータは標本であり，構築されたモデルは標本の背後（母集団）に

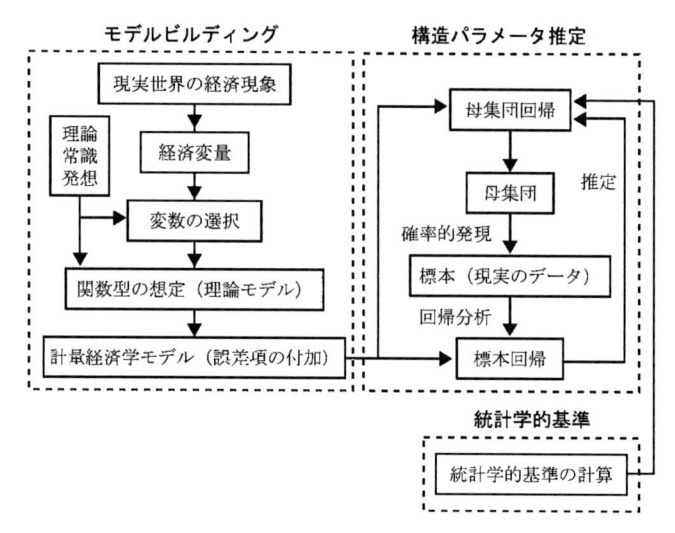

図 10.10 経済現象の将来予測モデル(木村, 2003 より作成)[19]

おける変数群の関係を表すと考えられる．図 10.10 は単一方程式モデルによる経済現象の予測モデル構築の手順であるが，① 経済諸量の相互依存関係を関数関係におきかえるモデルビルディングの段階，② その関数の定数や係数を具体的なデータから計算する構造パラメータ推定の段階，③ パラメータが推定され具体的に特定された関数関係がデータと適合的であるかどうかを検討するために統計学的基準(自由度修正済み決定係数，方程式の標準誤差，回帰係数の標準誤差など)を計算する段階，の 3 段階を経る[19]．マクロ変量モデルによるシミュレーションなどによる連立方程式モデルでも，同様の段階を経ており[20]，空間モデルにおける将来予測は，このモデルを空間的に展開したものとなる．

現在の社会において GIS を用いた将来予測は，防災・減災や安心・安全のために役立っている．台風や豪雪など気象情報の基礎資料となる数値予報も，将来予測のための空間モデルによって算出されている(図 10.11)．気象変化は物理現象であるから，客観的に任意の時点での大気の状態を記述できれば，将来の大気の状態を予測できる．そこで，気象庁では，連続量である大気の状態を離散的な格子点の値で表現し，大気状態を表す各種物理量の計算式を組み込んだ数値予報モデルを構築して，大気の状態に関する将来予測を行っている[23]．

この数値予報モデルは，大気の運動を支配する流体力学方程式，気圧・気温の

10.4 将来予測のための空間モデリング　　　　173

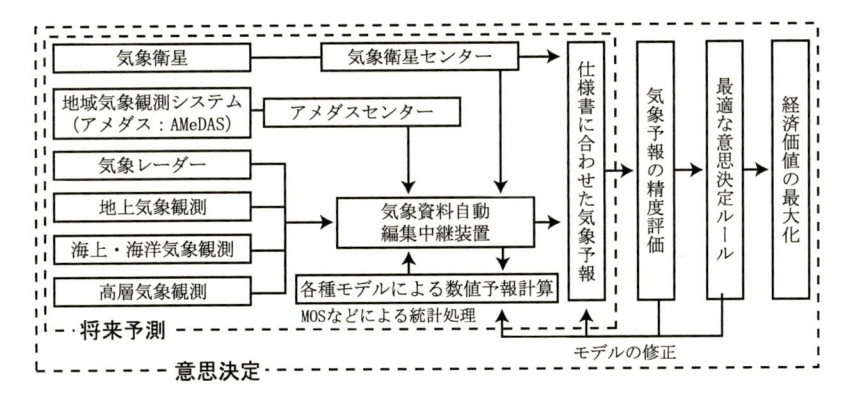

図 10.11 天気予報における数値予測（立石, 1999, 二宮, 2004 より作成）[21,22]

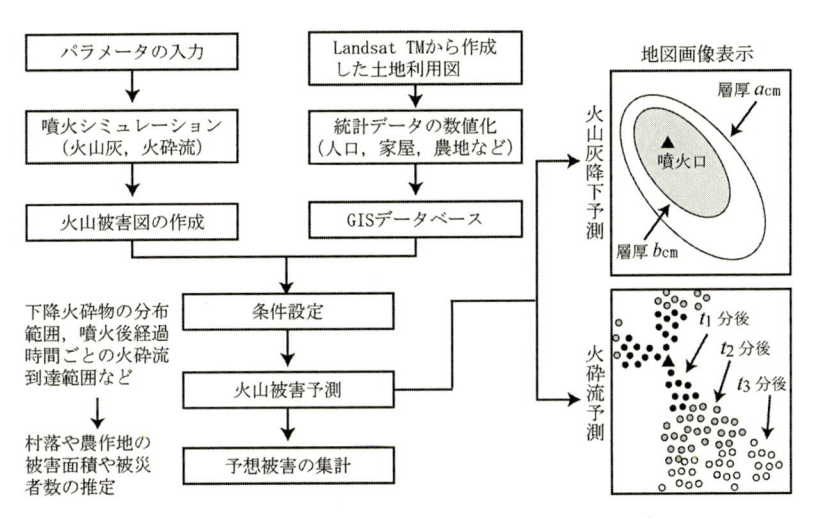

図 10.12 火山被害の予測モデル（村井, 1998 より作成）[25]

変化を決定する熱力学方程式，大気の質量保存の式，水蒸気量の変化とその凝結を決定する方程式などから構築され，これによって現在の大気の状態をもとに将来の状態が予測される[22],*9．このような環境シミュレーションモデルの大部分は，環境の変化過程を模倣した数学モデルにより行われている[24]．なお，現在，数値予報結果が出力されるごとに推定値と観測値を対比して統計的関係式を逐次

---

*9 数値予報の結果は，過去の観測データや地表面の地形などから，ガイダンスと呼ばれる資料を作成し，その結果から具体的な天気予報がなされる[23]．

修正する MOS (model output statics；モデル出力統計) 方式がとられて，数値予報モデルの変更に柔軟に対応できるようになっている．数値予測は，この予測モデルにより行われる計算のほかに，観測データの収集，品質チェック，格子点作成，初期値の設定，時間積分などの計算，最終結果を表現するための画像処理などの段階を経て行われる．

そのほかに，図 10.12 に示すように，災害軽減を目的とした火山被害予測モデルなども作成されており[25]，衛星画像や各種統計データから予測される火山灰の降下範囲や火砕流の到達時間によって，家屋や農地などへの噴火の影響についての検討が可能となっている．

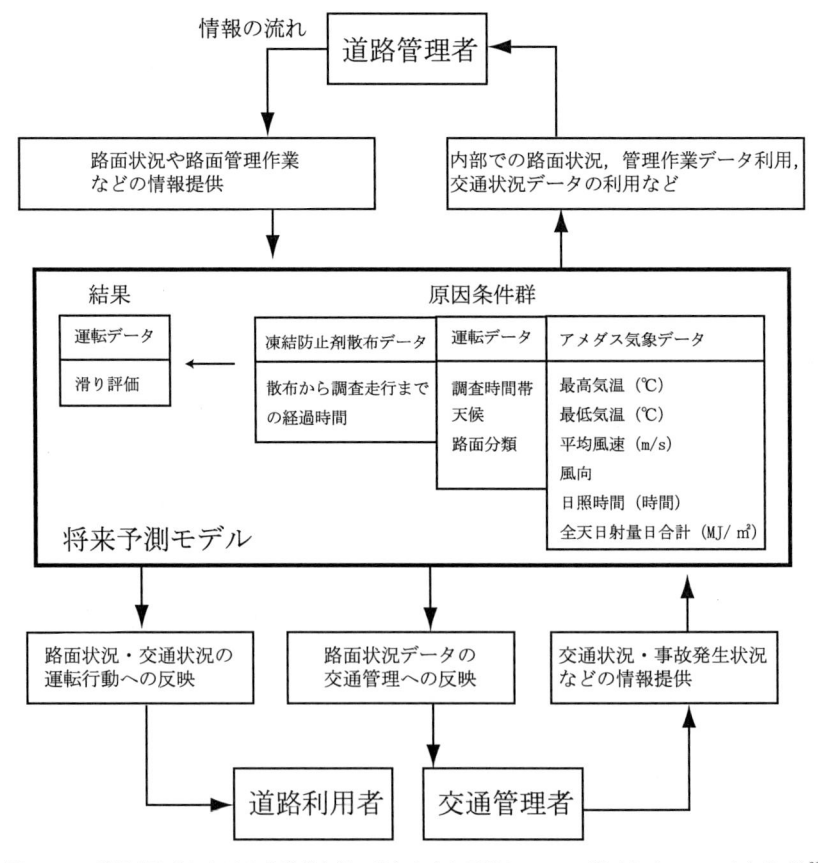

図 10.13 積雪寒冷地における自動車走行の滑りやすさ予測システム（橋本ほか，2007 より作成）[26]

10.4 将来予測のための空間モデリング

また,積雪寒冷地における交通の安全のために,積雪寒冷地における自動車走行の滑りやすさ予測システムが構築されている(図10.13).橋本ほか[26]で構築されるシステムは,北海道大学大学院工学研究科社会基盤計画学研究室が走行実測調査で取得した路面データベースを用いて開発されている.このデータベースは,位置情報や加速度のほかに,各測定地点における滑り評価,路面状況,天候などの情報も車中の調査員により記録される.このシステムでは,国土数値情報(道路,鉄道,海岸線,水域,河川,行政界,標高など)を空間データとして用

■ 滑りやすい
▨ あまり滑らない
□ 滑らない

観測による滑り評価   予測モデルによる滑り評価

■ 滑りやすい
□ 滑らない

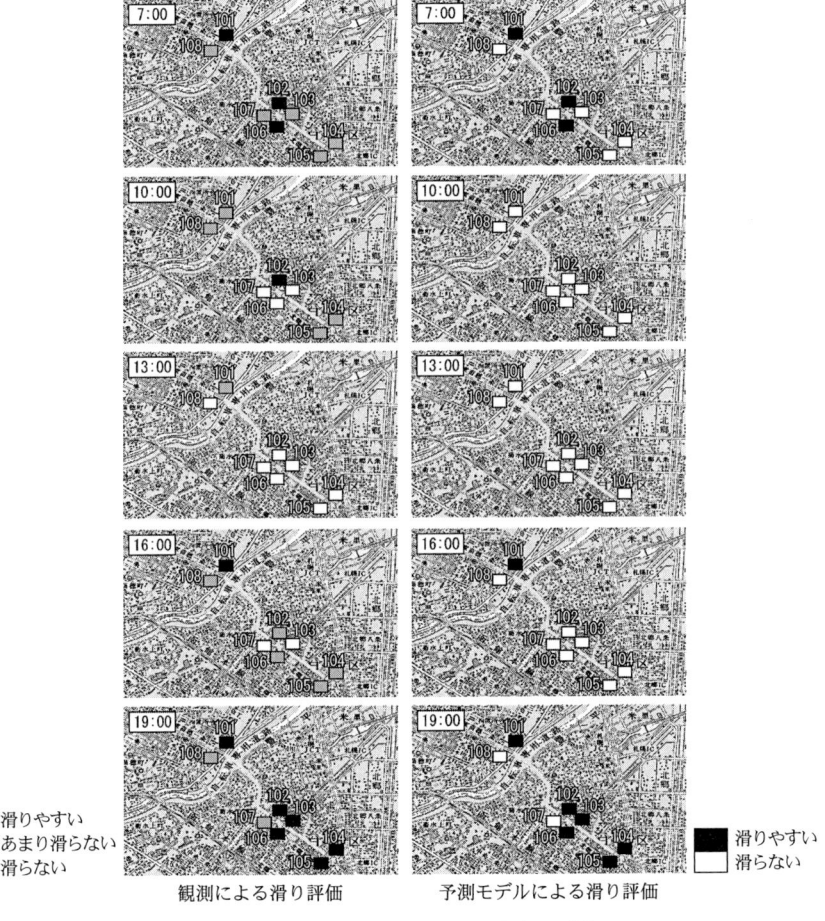

図 10.14 滑りやすさ予測システムの将来予測例
図中の数字は走行実測調査の測定地点番号.

い，それに，路面管理調査データ，アメダス気象データ，凍結防止剤散布データを付加して空間モデルの構築を行い，滑りやすさの予測システムを構築している[*10]．図 10.14 で，2004 年 1 月 16 日における走行実測調査の結果と，予測モデルの結果とを比較すると，滑りやすい状態の出現地点はほぼ一致した結果となっている．このモデルと，気象変化の数値予測モデルを連動させ，自動車走行の滑りやすさ予測システムの構築を進めることにより，きわめて路面が滑りやすい状態になると予想されたときに，道路管理者は交通管理者および道路利用者に警告を発するなど，冬季における路面管理と交通管理の総合的な対応が可能となる．

以上のように，空間情報を用いた将来予測のためのモデル構築にとって，GIS は重要なツールとなっており，防災・減災や安心・安全など社会の多方面において役立っている．しかし，多くの場合，精度の高いモデル構築方法の開発や，そのためのデータ収集方法の確立などが課題となっている．

10.5 意思決定のための空間モデリング

意思決定とは，複数の代替案から解を求めようとする行為のことで，将来の状態を予測し，最適な結果が得られるようにとるべき行動を決定することである．GIS では，予測モデルを援用して，この意思決定のためのモデルを構築でき，これまでにも意思決定そのものをモデル化した意思決定過程モデルや，意思決定を支援する意思決定支援モデルなどさまざまなモデルが作られている．

意思決定過程モデルは，基本的に情報収集，代替案の作成，代替案の選択，フィードバックの過程からなる．ここで，政策立案に関する意思決定モデルにおける GIS の利用を示すと，図 10.15 のようになる．政策は人間の行動規範を考慮して立案され，この規範に基づく行動は国土開発やエネルギー消費を引き起こし，それは環境変化につながる．この環境変化はリモートセンシングによって観察された後，GIS によって分析および評価され[27] その結果は意思決定のための情報として政策立案者に提供される[25]．ここでは GIS を用いて事象の空間的な把握を行うことで，意思決定において地物間の時空間的な関係を考慮することが可能

[*10] 橋本ほか[26]では，各測定地点に関する調査時間帯，路面状況，凍結防止剤散布後経過時間，天候，最低気温，最高気温，風向，風速，日照時間，日射量などの情報をカテゴリー化して質的データによる決定論的なモデル構築を行っている．

10.5 意思決定のための空間モデリング

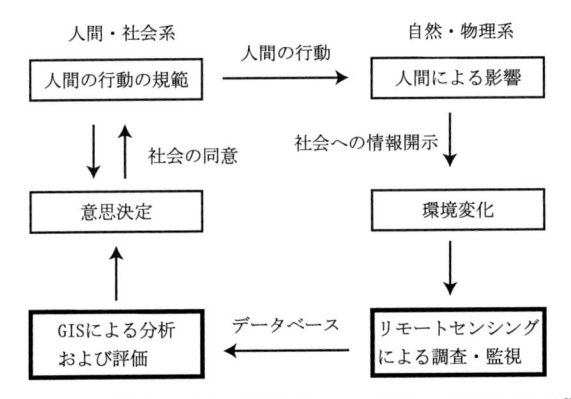

```
人間・社会系                    自然・物理系
                 人間の行動
[人間の行動の規範]  ────→   [人間による影響]
   ↓    ↑                        ↓
   社会の同意     社会への情報開示
[意思決定]                    [環境変化]
   ↑                             ↓
[GISによる分析   ←データベース→  [リモートセンシング
 および評価]                    による調査・監視]
```

図 10.15 政策立案に関する意思決定モデル（村井，1998 より作成）[25]

となる．オープンショウ（Openshaw）ほか[28]の核廃棄物貯蔵施設の研究も，このような枠組みで GIS による空間情報の活用を考えた事例である．また，前述した気象情報の数値予報も，農業を営む上で作付け時期や収穫時期などを決定するのに用いられ，その行為に関する評価は次の意思決定のための情報となる[21]．このように，GIS は空間データベースを用いて意思決定の分析および評価を行うことだけでなく，その結果を次の意思決定のための情報として決定者にフィードバックするということでも重要なツールとなる．

一方，意思決定支援モデルは，AHP（analytic hierarchy process）や，ゲーム理論などの方法によって，評価基準や代替案の価値を数値化することで意思決定の支援を行うものである．この意思決定支援のための空間モデルとしては，効果的な販売計画の立案を求めるためのエリアマーケティングシステムや，輸送におけるコストを最小化するための巡回セールスマン問題（traveling salesman problem）解析システムなどがあり，さまざまな計画や管理などに利用されている．

GIS を用いた意思決定支援モデルとして，20 代の女性をターゲットにしたアクセサリーショップの店舗の立地場所を選定するための事例を示す（図 10.16）．出店者が，「20 代の女性の多い場所」「駅から 1 km 以内」「近くに同業者の少ない場所」という条件を考えるとすると，GIS を援用して条件に合う場所を選定し，条件に該当する場所が最も広く分布する地域を出店場所の候補にできる．

また，図 10.17 は，福祉事務所から介護担当者が複数の高齢者を訪問する事例であり，巡回セールスマン問題の解析システムを用いて，担当者はルートの決定

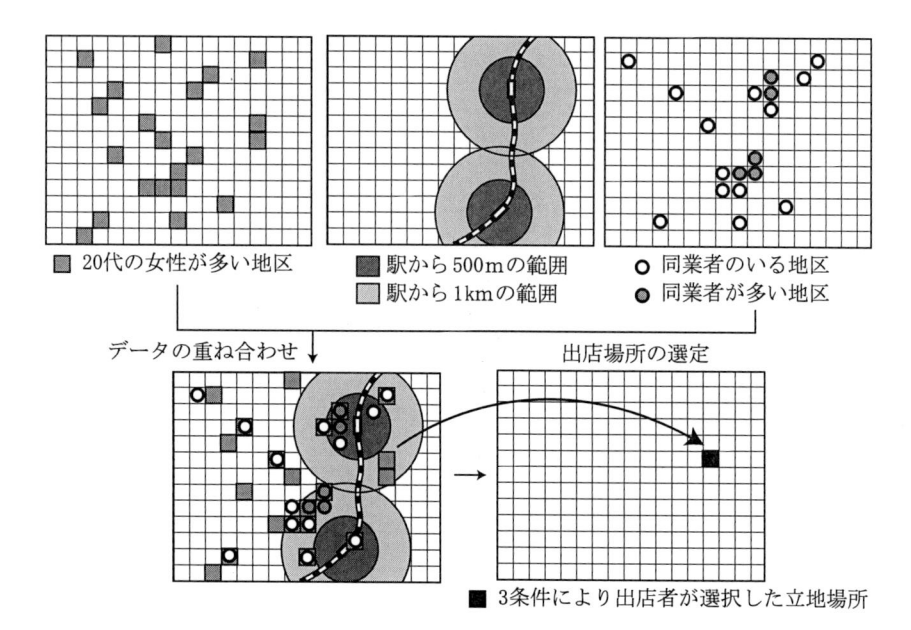

■ 20代の女性が多い地区　　■ 駅から500mの範囲　　○ 同業者のいる地区
　　　　　　　　　　　　□ 駅から1kmの範囲　　● 同業者が多い地区

データの重ね合わせ ↓　　　　　　　　　　出店場所の選定

■ 3条件により出店者が選択した立地場所

図10.16　店舗出店者の意思決定支援モデル

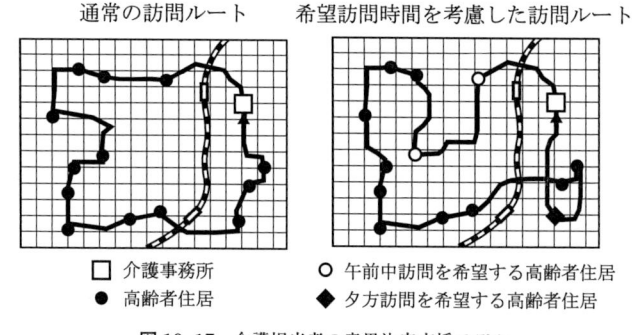

通常の訪問ルート　　希望訪問時間を考慮した訪問ルート

□ 介護事務所　　　　　○ 午前中訪問を希望する高齢者住居
● 高齢者住居　　　　　◆ 夕方訪問を希望する高齢者住居

図10.17　介護担当者の意思決定支援モデル

を行っている．なお，この解析には近年，遺伝的アルゴリズムを利用したモデルなどが開発されており，高齢者側の訪問希望時間などの各種条件を組み込み，高度なサービスを実現するための複雑な空間モデルの構築が可能となっている．

この意思決定に関する空間モデルは，防災計画の分野の利用が期待される．積雪寒冷地である札幌市都心部の避難場所に関する空間モデリングを行った相馬と橋本[29]の事例は，住民にとっては，どこに避難するかという意思決定に関わり，

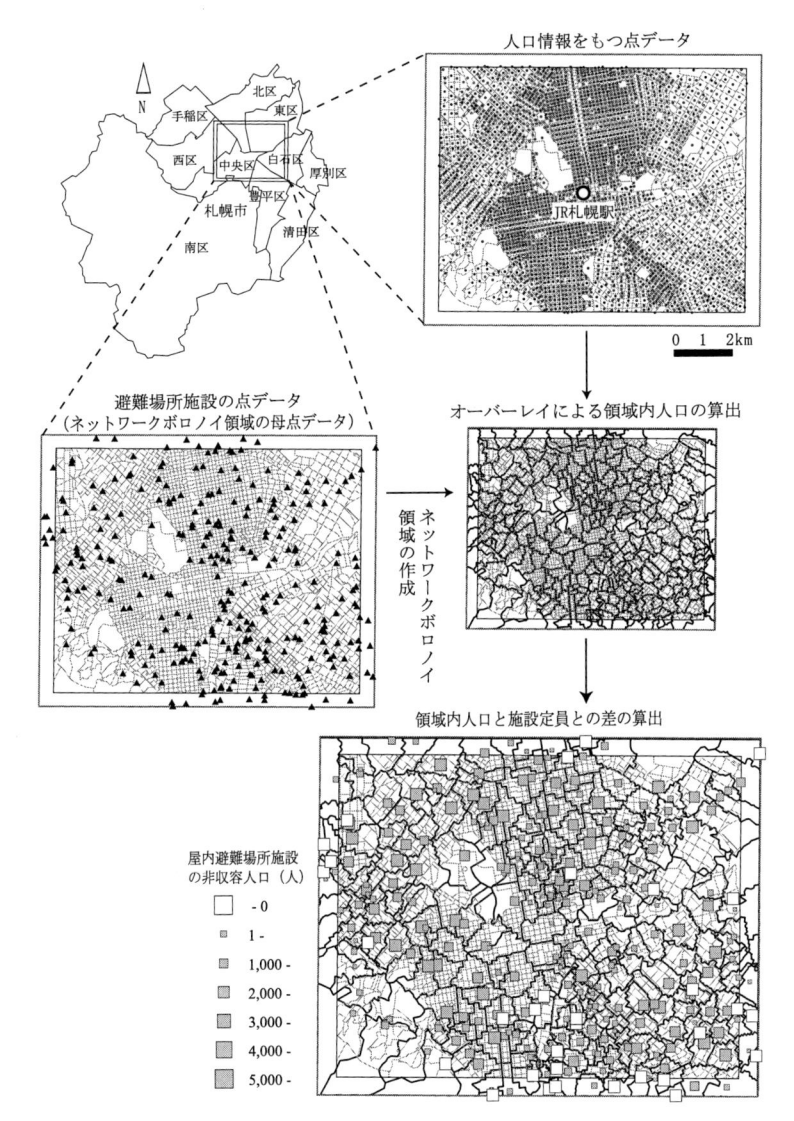

図10.18 積雪寒冷地における避難場所施設の設置に関する意思決定支援モデル（相馬・橋本，2006より作成）[29]

行政にとっては，避難場所の配置は適切かという意思決定に関わるものである（図10.18）．

この空間モデルにおける避難場所の圏域は，避難場所を母点としたネットワー

クボロノイ領域として算出されている．また，これに加えて1998年の札幌市住民基本台帳による条丁目別人口と，札幌市防災会議事務局資料による避難場所の種類および収容定員数も入力されている．このモデルでは，非積雪時には全避難場所が利用可能な状況を，積雪時には屋内施設である収容避難場所のみが利用可能な状況を想定でき，域内人口と収容定員との差から，ボロノイ領域ごとに収容しきれない人口（非収容人口）の算出を行うことが可能である[*11]．これにより積雪時における分析を行うと，多くの地区で非収容人口が多数発生しており，季節によって人口に避難場所の収容能力が対応していないことがわかる．

　この空間モデルによる分析結果からは，住民にとっては，どこに避難するか，避難先の収容能力は十分か，収容されない場合には次にどこへ避難するかといった意思決定に関する情報が得られる．また，行政にとっては，収容能力が不足しているのはどこか，新たな避難場所を設定すると状況はどのように改善されるかといった検討が可能となる．

　GISでモデル構築のために数学的手法を援用する場合，上記のようにGISのなかで統合的に用いるだけではなく，GISと他のアプリケーションをリンクさせて研究を進めることも多い[3]．意思決定支援モデルの構築でも，多くの代替案を比較検討する手法であるAHPのアプリケーションと，GISをリンクさせて用いる場合がある．例えば，GISにより空間要素を抽出し，その要素に基づいた被験者からのアンケートデータを，AHPで分析することによって意思決定モデルの構築を行うことができる．あるいは，AHPにより明らかにされる意思決定の結果を，GISで空間的に検証してモデル化することも可能である．このAHPを用いた空間的な意思決定の研究としては，土井[30]のトリップ発生予測の分析や，轟[31]の空港候補地選定の分析などがある．

　橋本と川村[32,33]によって，積雪寒冷地である北海道小樽市の郊外に居住する高齢者の利用施設と歩行路に関する意思決定について検討した事例を示すと[*12]，施設の評価に関しては，評価要因において，「利便性」が重視されており，歩行

[*11] 相馬と橋本[29]では，近接性を含む施設の便益評価として，施設を母点としたネットワークボロノイ図を生成し，それを施設の圏域として，圏域内の各指標を算出している．ネットワークボロノイ図は，平面のかわりに連結した線分の集合からなるネットワークを考え，いずれの施設が最近接かということで，領域分割を行っている．

[*12] AHPは，ある事柄についての意思決定を，問題・評価基準・代替案という「階層構造」として捉え，階層ごとに一対比較を行った上で，代替案のどれが好ましいかを決める手法であり，人の主観判断を取り扱う問題に適している．

路の評価については，1年を通じて坂道，階段や積雪などの「物理的な障害」の有無に関する要因が高く評価される（図10.19）．また日照量の少ない冬季には「ルートの雰囲気」も重視される．そこで実際の被験者の歩行行動をみると，歩行路は工業地域の広大な敷地が障壁となり，国道ルートと河川沿いルートの間の縦貫的な往来が妨げられている．この状況によって，高齢者が都市施設への「利便性」や，歩行路における「物理的な障害」を意識して，日常の歩行を行っていると考えられる．なお，不便ではあるが，より良い選択肢が存在しないという状況にあって，上記のような意思決定がなされているという住民の空間的生活戦略が，この結果からうかがえる．

　以上のように，GIS は空間的視点をもって意思決定を行う際の重要なツールとなるが，そのためには，対象となる問題や目的の明確化が必要である．今後は，意思決定者の目的と問題自体が正確に規定できないような構造化不能問題を明示的に解くようなシステムが必要である[34]．また，採用されるモデルの構築方法が，意思決定の枠組みを狭めることのないように注意することも重要である．その点で，意思決定の多様な形態に対応したモデル化が必要である．

10.6　空間モデリングの展望と課題

　現在，GIS での空間モデリングは，都市，交通，環境など現実世界のさまざまなものを対象として行われている[35]．また，ジオコンピュテーションのように地理学や地球科学をコンピュータサイエンスの立場で展開する新たな試みにおいて，多くのモデルが開発されている[36]．このジオコンピュテーションの発展については矢野[37]により詳しく説明されており，任意の分析対象地域において，さまざまな種類の単位地区，説明変数，パラメータなどの組合せのなかから最適のモデルを模索し，理論的な前提に依存しない空間的議論を行える有効性が指摘されている．このような新たな動きのなかで，記述モデル，将来予測モデル，意思決定モデルが蓄積され，それらの利用が促進されると考えられる．

　そのための環境整備として，データの精度を高め，その取得を容易にすることが必要である．さらに，より現実への適合度の高い将来予測や意思決定のための手法を開発することも重要である．特に，空間モデルを組み込んだ意思決定過程モデルの開発は，社会的ニーズが大きいにもかかわらず，いくつもの学問領域に

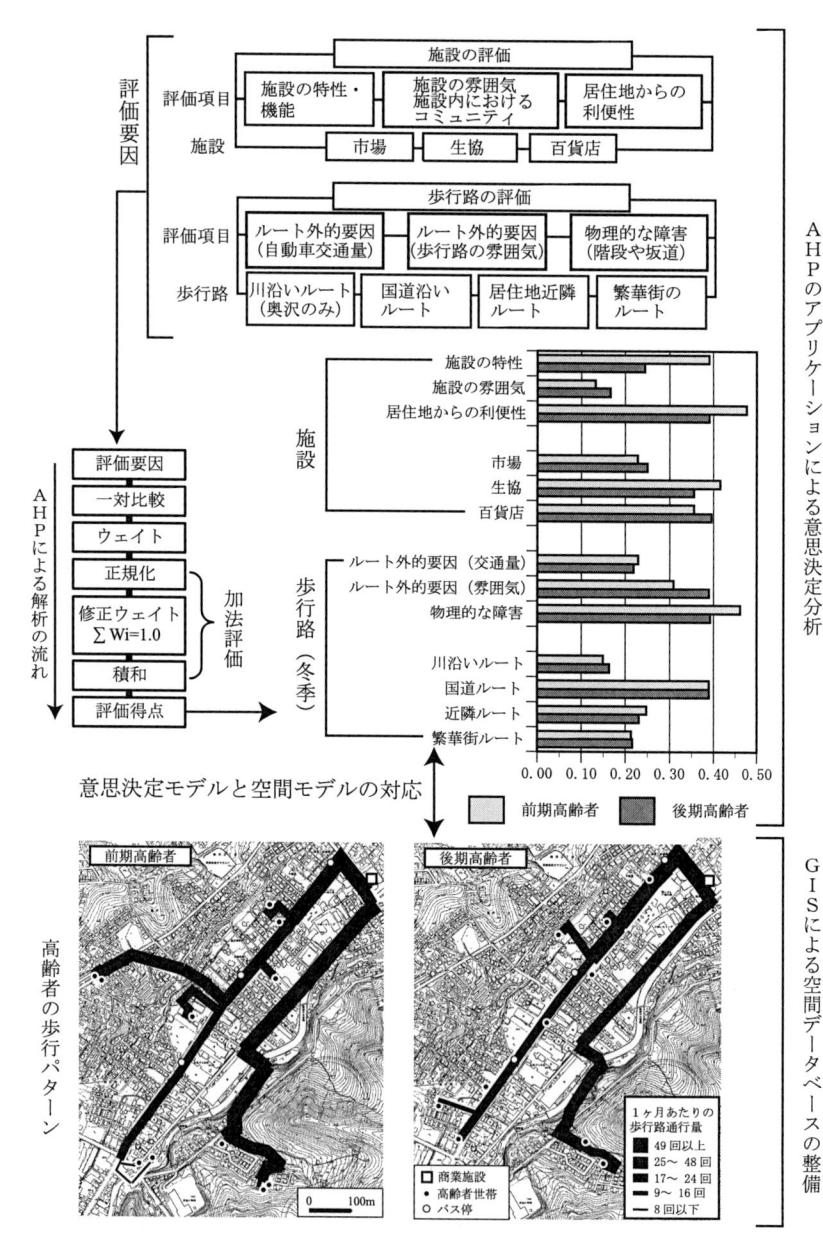

図 10.19 高齢者の歩行行動に関する意思決定モデル（川村，2007 より作成）[33]

またがる学際的な素地が必要なことから，これまで進展の遅かった分野であり，今後の発展が望まれる[34]．

また，現実への適合度の高いモデル構築は，より有効な将来予測や意思決定に結びつく．そのためには，なんらかの事前知識だけでモデル構築を行うのは困難であるため，複数の候補モデルから適切なものを選び出すモデル選択の技術が必要になる．このモデル選択は，モデル構築を支援する方法の1つであり，これまでにも赤池情報量規準（AIC）など信頼性の高いモデル選択方法が開発されている[38, 39]．空間モデリングにおいて，この情報量規準は，特定のモデルの裏づけというよりも，より良いモデルの探索としての意味が大きい[40]．このような技術によって，情報科学においては特定のモデルにとどまることなく，データの増加，知識の増加，目的の変化などに対応してモデルを進化させることが重要となる．

[橋本雄一]

引用文献

1) Johnston, C. A. (1998)：*Geographical Information System in Ecology*, Blackwell Science.
2) O'Sullivan, D and Unwin, D. J. (2003)：*Geographical Information Analysis*, John Wiley & Sons.
3) Longley, P. A. et al. eds. (2005)：*Geographical Information Systems and Science* (2 nd ed.), John Wiley & Sons.
4) 柴田里程 (2001)：データリテラシー，共立出版．
5) Chorley, R. J. (1964)：Geography and analogue theory. *Annals of the Association of American Geographers*, **54**：127-137.
6) Haggett, P. (1965)：*Locational Analysis in Human Geography*, Edward Arnold.
7) 北中英明 (2005)：複雑系マーケティング入門—マルチエージェント・シミュレーションによるマーケティング—，共立出版．
8) Weibel, R. and Heller, M. (1998)：デジタル地形モデル．GIS 原典—地理情報システムの原理と応用（マギー，D. ほか編著，小方 登ほか訳），pp. 289-318, 古今書院．
9) Goodchild, M. F. (1998)：GIS の技術的背景．GIS 原典—地理情報システムの原理と応用（マギー，D. ほか編著，小方 登ほか訳），pp. 46-57, 古今書院．
10) Wackernagel, H. 著，(2003)：地球統計学（地球統計学研究委員会訳編，青木謙治監訳），森北出版．
11) 間瀬 茂・武田 純 (2001)：空間データモデリング—空間統計学の応用，共立出版．
12) 厳 網林 (2003)：GIS の原理と応用，日科技連出版社．
13) Steyaert, L. T. (1993)：A perspective on the state of environmental simulation modeling. *Environmental Modeling with GIS* (Goodchild, M. R. et. al. eds.), pp. 16-30, Oxford University Press.
14) 橋本雄一 (2002)：ブール代数分析による農業集落データの質的比較．GIS—理論と応用，

10(2)：35-47.
15) 橋本雄一（2001）：東京大都市圏の地域システム，大明堂.
16) 東京大学教養学部統計学教室編（1994）：人文・社会科学の統計学，東京大学出版会.
17) 萩原幸男・糸田千鶴（2001）：地球システムのデータ解析，朝倉書店.
18) 鈴木康弘・木村圭司（2001）：環境変化予測と GIS．GIS ―地理学への貢献，（高阪宏行，村山祐司編），pp. 111-124，古今書院.
19) 木村和範（2003）：数量的経済分析の基礎理論，日本経済評論社.
20) 北川源四郎（2005）：時系列解析入門，岩波書店.
21) 立石良三（1999）：気象予報による意思決定，東京堂出版.
22) 二宮洸三（2004）：数値予報の基礎知識，オーム社.
23) NHK 放送文化研究所編（1996）：気象ハンドブック，日本放送出版協会.
24) Law, A. M. and Kelton, W. D. (1982)：*Simulation Modeling and Analysis*, McGraw-Hill.
25) 村井俊治（1998）：GIS ワークブック，日本測量協会.
26) 橋本雄一ほか（2007）：GIS を用いたモニタリング支援システムの開発―凍結防止剤散布後の路面管理と運転行動に関する統合データベース構築の試み―．凍結防止剤使用環境下における交通施設構造物の LCC 低減技術に関する研究（平成 16～18 年度科学研究費補助金基盤研究（A）成果報告書，上田多門編）pp. 29-64，北海道大学大学院工学研究科.
27) 清水邦夫編（2002）：地球環境データ―衛星リモートセンシング，共立出版.
28) Openshaw, S. et al. (1989)：*Britain's Nuclear Waste : Safety and Siting*, Belhaven Press.
29) 相馬絵美・橋本雄一（2006）：空間データにおけるネットワークボロノイ領域の分析方法．北海道地理，81：29-37.
30) 土井利明（2000）：21 世紀の社会経済環境の構造変化に対応したトリップ発生モデル．AHP の理論と実際（木下栄蔵編著），pp. 269-285，日科技連出版社.
31) 轟朝幸（2000）：新たな地方国際空港の候補地決定．AHP の理論と実際（木下栄蔵編著），pp. 249-258，日科技連出版社.
32) 橋本雄一・川村真也（2005）：寒冷地の都市内部における高齢者の歩行行動に関する空間分析，ノーステック財団平成 16 年度基盤的研究開発育成事業報告書.
33) 川村真也（2007）：小樽市における高齢者の生活環境に関する地理学的研究．地理学論集，82：23-36.
34) Densham, P. (1998)：空間的意思決定支援システム．GIS 原典―地理情報システムの原理と応用（マギー，D. ほか編著，小方 登ほか訳），pp. 432-443．古今書院.
35) Maguire, D. et al. eds, (2005)：*GIS, Spatial Analysis, and Modeling*, ESRI Press.
36) Openshaw, S. and Abrahart, R. J. eds. (2000)：*GeoComputation*, Taylor & Francis.
37) 矢野桂司（2005）：ジオコンピューテーション．地理情報システム（シリーズ〈人文地理学〉，第 1 巻，村山祐司編），pp. 111-138，朝倉書店.
38) 小西貞則・北川源四郎（2004）：情報量規準（シリーズ〈予測と発見の科学〉，第 2 巻），朝倉書店.
39) 下平英寿ほか（2004）：モデル選択―予測・検定・推定の交差点，岩波書店.
40) 北川源四郎ほか（2005）モデルヴァリデーション，共立出版.

索　引

欧　文

AHP　177, 180
AI（人工知能）　27, 18, 123
ArcGIS　9
CGIS　2
CMY(K) モデル　104
Color Brewer　106
CSISS　4
EpiSims　157
G スケール　21
Geary's c　86
geoR　96
GIS　1
GIS 技術資格　7
GIS 教育　4
GIS ベンダー　6
GIScience　9
Google Earth　119
GPS　10
GRASS　9
GRS 80 楕円体　57
HCI　14
HSV モデル　104
IDRISI　9
IPF 法　152
ITRF 94　59
Micro-MaPPAS　154
Microsoft Virtual Earth　119
Moran's I　87
MOS（モデル出力統計）　174
R　96
RGB モデル　104
SAGE　2
SPACE　5
TKY 2 JGD　60
TRANSIMS　156, 157
UCGIS（地理情報科学大学連合）　5, 8, 29
UML　39, 165
USGIF　10
UTM 座標系　56, 65, 67
WGS 84　59
WGS 84 楕円体　57

ア　行

アイソプレス図　109, 114
アドレスマッチング　55
アニメーション　118

意思決定　145, 176, 181
意思決定過程モデル　176
意思決定支援モデル　177
意思決定モデル　163
位相属性　41
位相ソリッド　41
一変量時系列モデル　170
一般地物モデル　39
一般 QQ プロット　125
遺伝的アルゴリズム（GA）　123, 132, 178
緯度・経度　1
インスタンスモデル　47

エキスパートシステム　124
エーゲンホーファー　27
エージェント　136, 137, 147, 148
エッジ　41
円錐図法　64
鉛直線算法　72

エンティティ　17
円筒図法　64
応用スキーマ　45
オーバーレイ　73, 163
オブジェクト　18, 20, 24, 26, 29, 47, 48, 149, 165
オブジェクト指向モデル　165
オブジェクトモデル　19
オペレーションズ・リサーチ　75
重みつきボロノイ図　80
オントロジー　14, 17, 23, 27, 28
オンライン地図配信　119
オンライン GIS　119

カ　行

階層型ネットワーク　135
階層的 NN　135
概念スキーマ　45
ガウス型モデル　94
ガウスクリューゲル図法　64
ガウス分布　99, 100
火山被害予測モデル　174
可視化　3
仮説検証　13
仮説構築　13
カーネル密度推定　130
ガブリエルグラフ　82
可変的地域単位設定問題（MAUP）　13
紙地図　3
カラースキーム　105, 106, 109, 110, 119
カラーモデル　104
カルトグラム　120, 131
間隔時間　34

索引

間隔尺度 36
環境空間 21
環境シミュレーションモデル 173
換算 68
間接参照 51

ギアリ統計量 123
幾何属性 41
幾何的探索問題 71
幾何複体 41
記述モデル 162, 166
基準地域メッシュ 53
規約境界 24
球型モデル 94
共分散 98
巨大空間 21
距離検索 73
近接グラフ 82

空間オブジェクト 116
空間解析機能 3
空間検索 72, 73
空間参照 33, 50, 51, 55
空間情報 1, 71
空間情報科学研究センター 6
空間スケール 21, 22
空間属性 41, 46
空間的意思決定 9
空間的拡散 143, 145
空間的自己相関 9, 85, 86, 122, 128
空間的自己相関指標 85, 87
空間的特異性 122
空間的補間 130
空間的マイクロシミュレーション (SMS) 142, 145, 149, 150, 155, 158
空間的マイクロデータ 151, 153
空間データマイニング手法 13
空間統計学 10
空間内挿 164
空間認知 18, 26, 27
空間分割 75
空間分析 3, 11
空間モデリング 161, 166, 170, 176
空間モデル 161

空間予測 85, 88
クラスター分析 76
クラスタリング分類 112
クラス分け 110
グラフ 107
グラフィック言語 39
クリギング 85, 164
グリッドメッシュ 116
グリニジ天文台 50

経験的実在論 22, 26
計算幾何学 71, 76
計算知能 (CI) 123
圏域解析 80
圏域分析 75

コアカリキュラム 4
交差検索 73
格子型数値標高モデル (DEM) 75
合成ミクロデータ 152, 153, 154, 156
構造化モデル 163
航測写真 103
国際地球基準座標系 ITRF 59
個体ベースモデル 157
国家地理情報分析センター (NCGIA) 4
固定最近隣点問題 79
コバリオグラム 127, 128
固有値シンボル 107
コレログラム 128
コロプレス図 108, 109, 113, 114
コンピュータグラフィクス 76
コンピュータグラフィクス空間分析ラボ 9
コンピューテーショナルインテリジェンステクノロジー (CIT) 139

サ 行

最遠点ボロノイ図 80
最近傍グラフ 82
最近隣点対問題 79
最近隣点探索問題 79
最小木 74

最小木問題 82
最大空円問題 79
サピア=ウォーフ仮説 26
座標演算 68
座標幾何 42
座標参照 68
3次元解析 75
3次元時空間モデル 117
3次元時空間GIS (4次元GIS) 117
3次元処理 71
3次元直交座標系 56, 60
3次元表現 116
ジオイド 56, 164
ジオイド高 62
ジオインフォマティクス 6
ジオコーディング 55
ジオコンピュテーション (GC) 14, 122, 132, 181
ジオシミュレーション (GS) 142, 145, 158
時間エッジ 43
時間属性 43, 46
時間地理学 155
時間ノード 43
識別子 33
時空間 35
時空間概念 32
時空間属性 44
時空間分析 9
時空間領域 155
市区町村コード 52
自己組織化 146
指数型モデル 95
施設配置最適化 80
自然モデル 162
実験モデル 162
実世界 33
実体―関連モデル 39
シミュレーテッドアニーリング (SA) 法 152
住居表示 51
集計思考 12
住所 51
主題図 113, 114
主題属性 46
シュタイナー木 74, 82

索　引

巡回セールスマン問題　74, 177
準拠楕円体　58
順序時間　34
順序尺度　36
順序つきボロノイ図　80
上位オントロジー　18, 25, 27
情報科学　18
情報系カリキュラム　8
情報伝達　3
将来予測　172
シル　93, 129
真正境界　23
シンボル化　103

数値予報モデル　172
数理モデル　162
図形空間　21

正角図法　64
正距図法　64
正規QQプロット　125
正積図法　64
世界測地系　53, 59, 69
絶対尺度　37
セミバリオグラム　90, 127, 128
セル　133, 143, 145, 147, 148, 164
セルオートマタ（CA）　124, 133, 136, 147, 148
全近隣点問題　79
線形モデル　94
線分交差探索問題　72, 73
全米科学基金（NSF）　3

相関係数　99
双極データ　105, 109
総合結合型ネットワーク　135
相対近傍グラフ　82
双対図形　81
測地系　58
測地原子　58
測地座標系　56
素朴地理学　27
存在論　17

タ　行

対数間隔尺度　37

楕円体高　62
多基準評価　9
多重表象　21
多地域流行モデル　156
多変量解析　11
多変量ガウス分布　95
多変量時系列モデル　170
多変量データ表現　106
単一シンボル　106, 113
段階カラー　109, 110
段階シンボル　107, 110
探索的空間データ分析（ESDA）　122
探索的データ分析（EDA）　122, 124
単純クリギングモデル　89

地域　25
地域区分　25
地域便宜説　25
地域メッシュコード　53
地球観測学　10
地球重心系　59
地球設計学　10
地球楕円体　56
地球・地域情報学　10
逐次データ　105, 109
逐次添加法　78
知識工学　18
地図　22, 103
地図学　102
地図投影法　63
地図表現　102, 109
地番　52
地物インスタンス　40
地名辞典　55
中央子午線　65
眺望空間　21
直接参照　51, 55
地理行列　11
地理空間　33
地理空間情報　2
地理空間情報高度活用社会　15
地理空間データ　38, 46
地理空間データモデル　32
地理系カリキュラム　8
地理座標系　56
地理識別子　50, 51, 55

地理情報　1
地理情報科学　1, 3, 5, 9, 17
地理情報技術　7
地理情報システム　1
地理情報システム学会　8
地理情報標準プロファイル（JPGIS）　40, 48, 165
地理的オートマタ　148, 156
地理的オブジェクト　23
地理的カテゴリー　25
地理的シミュレーション　142, 159
地理的推論　27
地理的フィーチャー　24
地理的モデル　147
地理分析センター　9

通常クリギングモデル　89

定性推論　27
定性データ　105, 109
デジタル地形モデル（DTM）　163
デジタル地図　3
デジタルデータ　18
デジタル標高モデル（DEM）　163, 164
データ稼働　13
データ収集　3
データベース　3, 177
データマイニング　122, 124
データモデル　18, 109
点位置決定算法　78
点位置決定問題　72
電子地図　119
点包囲問題　72

等間隔分類　112
等級尺度　37
東京湾平均海面　63
統計学　85
統計の検定　87
統計の推定　100
等高線　114
等値線　114
等値線地図　114
等量分類　112
都市モデリング　150

索引

凸包 78
都道府県コード 52
ドメインオントロジー 18, 25
ドローネ三角形分割 75, 80

ナ 行

内包検索 73
ナゲット 93
ナゲット効果 93, 129
並べ替え検定 87
二項分布 100
二変量データ表現 106
日本測地系 53, 59, 69
日本測地系2000 60
ニューラルネットワーク（NN） 123, 124, 134
ニューロン 134
認知科学 14
認知地図 120
ネットワーク分析 74, 75
ネットワークボロノイ領域 179
ノイマン近傍 133, 147, 148
ノード 41

ハ 行

パターン認識 76
バッファ 74
バッファリング 74, 79
バリオグラム 90
パリ天文台 50
犯罪地図 130
汎用型GISソフトウェア 3
ビジュアライゼーション 6, 102, 116, 118, 119
非集計思考 12
微小空間 21
ヒストグラム 124
標高 56, 61
標準偏差による分類 112
比率尺度 37
比例シンボル 107, 110
非連続型カルトグラム 132
ファジー集合 124, 132
フィーチャー 18
フィールド 18, 20, 24, 26, 29, 48
フィールドモデル 19
フェイス 41
不規則三角形網（TIN） 41, 75, 81, 116
複雑系 146
普遍クリギングモデル 89
普遍クリギング予測 92, 96
フラクタルモデル 124
フラクタル理論 132, 136
ブール代数 73
ブール代数アプローチ 166, 168
分割地域メッシュ 53
分割統治法 78
平面走査法 74
平面直角座標系 56, 66
ベクタ 20, 164
ベッセル楕円体 57
変換 68
方位図法 64
ホットスポット 130
ボロノイ図 75, 77
本初子午線 58

マ 行

マルチエージェントシステム（MAS） 136, 137, 147
マルチメディア 119, 124
ミニマックス施設配置問題 80
民俗分類 26
ムーア近傍 133, 147, 148
名義尺度 35
名目データ 105, 106, 107
メタファー 23
メタモデル 32, 38
メルカトル図法 64
モデリング 156
モデリング言語 39
モデル 32, 88
モデル稼働 13
モラン統計量 123
モンテカルロサンプリング 151

ヤ 行

有限要素法 81
郵便局問題 77
ユークリッド空間 27
ユニバーサル横メルカトル座標系 65
横メルカトル図法 64
予測モデル 162, 170

ラ 行

ラスタ 20, 143, 164
離散型データ 110
リサンプリング 151, 152, 153
リモートセンシング 10, 176
領域探索問題 72
レイヤ 73, 163
レンジ 93
連続型カルトグラム 132
連続型データ 110
ロケーションベースサービス 119
論議領域 45

編者略歴

村山祐司(むらやま ゆうじ)
- 1953年 茨城県に生まれる
- 1983年 筑波大学大学院地球科学研究科博士課程中退
- 現　在 筑波大学大学院生命環境科学研究科教授
  理学博士

柴崎亮介(しば さきりょうすけ)
- 1958年 福岡県に生まれる
- 1982年 東京大学大学院工学研究科修士課程修了
- 現　在 東京大学空間情報科学研究センター・センター長, 教授
  工学博士

シリーズ GIS 1
GIS の理論

定価はカバーに表示

2008年4月10日　初版第1刷
2017年4月25日　　　第4刷

編　者	村　山　祐　司
	柴　崎　亮　介
発行者	朝　倉　誠　造
発行所	株式会社　朝　倉　書　店

東京都新宿区新小川町 6-29
郵便番号　162-8707
電　話　03(3260)0141
ＦＡＸ　03(3260)0180
http://www.asakura.co.jp

〈検印省略〉

© 2008〈無断複写・転載を禁ず〉　　　中央印刷・渡辺製本

ISBN 978-4-254-16831-0　C 3325　　Printed in Japan

JCOPY ＜(社)出版者著作権管理機構 委託出版物＞
本書の無断複写は著作権法上での例外を除き禁じられています。複写される場合は、そのつど事前に、(社)出版者著作権管理機構（電話 03-3513-6969, FAX 03-3513-6979, e-mail: info@jcopy.or.jp）の許諾を得てください。

好評の事典・辞典・ハンドブック

火山の事典（第2版）	下鶴大輔ほか 編	B5判 592頁
津波の事典	首藤伸夫ほか 編	A5判 368頁
気象ハンドブック（第3版）	新田 尚ほか 編	B5判 1032頁
恐竜イラスト百科事典	小畠郁生 監訳	A4判 260頁
古生物学事典（第2版）	日本古生物学会 編	B5判 584頁
地理情報技術ハンドブック	高阪宏行 著	A5判 512頁
地理情報科学事典	地理情報システム学会 編	A5判 548頁
微生物の事典	渡邉 信ほか 編	B5判 752頁
植物の百科事典	石井龍一ほか 編	B5判 560頁
生物の事典	石原勝敏ほか 編	B5判 560頁
環境緑化の事典	日本緑化工学会 編	B5判 496頁
環境化学の事典	指宿堯嗣ほか 編	A5判 468頁
野生動物保護の事典	野生生物保護学会 編	B5判 792頁
昆虫学大事典	三橋 淳 編	B5判 1220頁
植物栄養・肥料の事典	植物栄養・肥料の事典編集委員会 編	A5判 720頁
農芸化学の事典	鈴木昭憲ほか 編	B5判 904頁
木の大百科［解説編］・［写真編］	平井信二 著	B5判 1208頁
果実の事典	杉浦 明ほか 編	A5判 636頁
きのこハンドブック	衣川堅二郎ほか 編	A5判 472頁
森林の百科	鈴木和夫ほか 編	A5判 756頁
水産大百科事典	水産総合研究センター 編	B5判 808頁

価格・概要等は小社ホームページをご覧ください．